人類の選択のとき

地球温暖化と海面の上昇　生命圏の崩壊はすでに始まっている

岡留恒健

目次

第三章　エネルギー問題を考える

第四章　地球の限界と経済成長とその未来

第五章　世界資源の関連

第六章　希望への路——若人による累進税の党

第七章　貧富の差は諸悪の根源

第八章　命は連帯している

第九章　私の宇宙観

水とみどり
いのち豊かな
美しい地球が
つづく世代に残りますように

はじめに

私は長年、空から地球を眺め夜間飛行では星を見上げながら、汚れいく地球の命の未来が心配になり、考え続けてきた地球の事が私のノートや心に澱になり溜まっていた。

そこに、後で述べるＩＰＣＣという温暖化会議が、今世紀末に気温が五℃近く上がると驚愕的な発表をしたのだ。私は飛行機の操縦でも山登りでも、危険を強調した書き方は好まないが、この温度の状態は地球上に氷が存在せず、海面が七〇メートル余りも高かった三五〇〇万年前の頃に該当する。おぞましい未来がはっきりと姿を現わしたのだ。

私は続く世代の命への祈りの気持ちで、妻との残り少ない日々、この本を書き始めた。取り付き難い専門の書や報告書を読んで、専門家ではない立場から考えたことや、今まで考えてきたことを想い浮かべながら書いた。

営々と続く世代の命の幸せを願い、多くの人に理解してもらいたく、繰り返し読み返し書き直した。私が語りかけたいのは、日々環境問題に関心はあるけど、漠然とした気持ちで過ごしている人たちだ。この本が、ＴＶや報道を見ての参考になるのを期待する。

一九八〇年の頃に、人類の大量消費が地球の限界を越えた。それ以来、生命圏は現実に劣化の路を進んでいる。二酸化炭素の残留汚染による温暖化が、その実例だ。

書いた要旨は三つ。温暖化の未来と、消費を抑え自ら地球の限界内に戻らねば地球環境は別物に変化して人類社会は崩壊すること、生命圏は既に絶滅期に入っている、の三点だ。対策は先送りにされ、対策が万全に働く時期は既に過ぎた。続く世代の命たちに、如何に少しでも劣化の少ない生命圏を残せるかの段階に入っている。

半世紀前、『沈黙の春』という人類への警告の書と出会えて以来、命の環境に関する多くの書を読んだが、天気予報に似て不確実な要素を元にしての科学者の研究や持論が多く、仮説や数値や年代や解釈も大きく違う。愚弄的反対意見もあり戸惑った。

それを考慮の上で、私たちが地球環境や温暖化を概念的に理解するには、現象の流れを大雑把に理解できていればその方がいいと考え、大筋と数字の簡略を心掛けた。

大切に思うことは、意識して繰り返し書いた。頁を捜して何度も読み返さないで済むことを願ってのことだ。

なお、私の基本的な想いを別の表現に代えるのがとても困難だったので、以前に書いた『永い旅立ちへの日々』に懸命に表現した文に、その後に育った心を加えて随所に入れた。

続く世代を想い、少々我慢して読んで下さると、とても嬉しい。

第一章　空から見た地球と生命環境

敗戦から物質文明へ

敗戦の一九四五年、占領軍が来た。鬼と教えられ負けたら皆殺しにされる筈だったが、兵士たちは普通の人だった。兵士も将校も屈託無く清潔で、いい匂いが漂っていた。

常に空腹で、生きものは何でも食べものに見えるような日々を過ごした一一歳の私に、若い兵士たちの裕福さと陽気さは驚きであり、別世界の存在に思われた。

子どもも大人もその国の裕福で便利な生活に憧れた。それは欲望と自由への憧れであり、親から受け継ぎ、僅かに残っていた循環の文化からの、心の転機だったように思う。

私が就職したのは、まだ洗濯機もなく蛇口からお湯も出ない頃だった。しかし、世界は既に石油文明に入り高度成長を始めていたのだ。

私に何かの考えがあった訳ではなく、ただ空への憧れの気持ちで希望した航空会社は、私を受け入れてくれた。有り難い推薦があったからだ。その入社後数年で、世界の航空機はジェット機に替わり、大量輸送の時代になっていった。

憧れた空から見た地球

大きな都市がスモッグで覆われているのを空から見て驚いたのは、私の夢が叶い、空を飛び始めた一九六〇年の頃だ。入社の数年後、組織を越えての私の強い希望が許されて、地上職から飛行士への転向が実現したのだ。

胸躍る訓練飛行で青空のもとを離陸し、上昇していたら一〇〇〇メートルくらいの高さに空気の層があり、その上に本当の碧空が開けていた。見下ろす都市はドーム状の薄茶色の空気に包まれていた。いつまでも飛んでいたい気持ちを抑えながら訓練を終えて、そのドームの中に降りていったら臭いがした。人はその中にいると感覚が慣れ、トイレの中にいるのと同じく、その状態が正常に思えてしまうのだろう。

今顧みると、工業地帯の出す煤煙や海水の公害訴訟が政治問題化した時期と一致する。河川は汚れ白い泡が漂い魚たちの屍骸が浮き、海にはボール状の油の塊が浮いていた。

副操縦士になって、世界的に有名な高級住宅街のある外地の都市に降下していったら、その街は薄茶色の空気の底に沈んでいた。しかしその頃はまだ、汚れは都市の上だけで、飛行途中の洋上の空気は澄んでいて、彼方の水平線はくっきりと見えていた。

航路を飛んで目に付き始めたのが、南の国の森林だった。以前に上空を飛んだときには豊かな緑の森林に覆われていた国が、久し振りの上空からは見渡す限り草原や農地になっていて、その国の印象をすっかり変えていたりした。

状況が気になっていた私が出会ったのが、レイチェル・カーソンの『沈黙の春』という本だった。化学物質の毒が環境に拡散して小鳥の啼かない春がくる、と世に問うていた。

私は幼少の頃から小鳥が好きだったので、この本との出会いは小鳥たちとの縁でもある。読んでいく内に、企業の生産を止めることが政治的にどのような困難な問題になるのか、途方にくれる内容だった。同じような困難は、公害訴訟や原発や核廃絶にもいえる。

私が初めて空を飛んだ頃の地球はまだ限りなく大きく、人間は小さな存在だった。だがその頃の世界人口は三〇億人を越え、毎年七~八〇〇〇万人も増え続けていたのだ。

そして約一〇年が経った一九七〇年の頃、国連の事務総長が、「世界の国々が協力して一〇年以内に対策を講じなければ、地球環境は抑制不能にまで悪化するだろう」、という主旨の声明を発表した。[注1]

同じ頃に、ローマクラブが『成長の限界』という本を発表し、人類の消費は地球の能力を越えることは出来ないことを警告した。

『沈黙の春』や『成長の限界』を読み、空から観た状況を私は人に話し始めたが、人間は馬鹿ではない科学技術が解決すると言う。永田町に国会議員を訪ねて話をしたが、途中で録音を止められ最後まで聞いてもらえなかった。人の目にも四季は美しく巡り、日々は変わることもなく過ぎていた。世界も高度経済成長を志向し、数十年毎に消費が倍になる倍々ゲーム、「消費は美徳」の時代だった。

高度成長を自制する絶好の機会だったかも知れない「オイルショック」も起こったが、世界はオイルを求めて走り、成長を減速する方向を採らず国連事務総長が警告した一〇年以内という一九八〇年が過ぎた。人口も二〇年の間に一五億人増え四五億人を超えた。**その結果、一九八〇年代に人類の大量消費が地球の扶養能力を越えてしまったのだ。**

（詳細は本書54頁、「エコロジカルフットプリント」についての説明を参照。）

現実にも、この頃から眼に見えて地球上の氷が融け始め、温暖化も顕著になり始めた。この年代以後、地球の限度を超えた分は残留汚染となって溜まり、対策の遅れに比例して劣化が進んだ環境が続く世代に残されていく。私たちが消費しているのは、壁に激突するまでの時間なのだろう。危機はエネルギー不足にはなく残留汚染の増大にある。

一九八〇年の頃の空では、地球を取り巻くジェット気流が異様に大きく蛇行するようになっていた。ジェット気流の北側には冷たい空気、南側には暖かい空気がある。

ジェット気流が蛇の様に南に大きく曲がると、伴に寒気が下りてくる。その結果例えばアメリカの南の州に季節外れの大雪を降らせ、北に曲がった所のアラスカに時ならぬ熱波が押し寄せる。上昇下降気流など気候が乱暴になり、航空機の着陸事故も発生した。

同じ頃、メキシコ市郊外の私が登った五五〇〇～五八〇〇メートル位の高い三つの山々には、氷河もあり雪が豊富に在った。しかし、一〇年後に上空から見たら雪が殆ど消えていた。登りに行ったエベレストでは、経験の長いシェルパが氷河の衰退を指摘していた。

昔私が空を飛び始めた時には都市の上だけだった薄茶色の空気が、飛行士の職を降りる頃には一万メートルの上空にまで拡がっていた。

北極圏では、上空から見る氷原は薄茶色の空気を通すので、真っ白には見えなかった。グリーンランドの氷は、春の雪どけのスキー場のようだった。太平洋の大海原で、以前はくっきりと見えていた水平線は霞んでしまった。

イタリア駐在以来、私は毎年のようにヨーロッパアルプスの山に通っていた。その雪山の風景が懐かしく、退職一〇数年後に妻と行ったら、山の印象が変わるほど雪が少なくなっていた。足元まで在った氷河も彼方に後退していた。

地球温暖化防止条約締約国会議（ＣＯＰ）が開催されているが、これは主に化石燃料を減らす会議であり、消費を減らし持続可能な消費世界に戻るための全体会議ではない。

一九九七年やっとまとめた国際条約としての京都議定書も、主要な消費大国が参加せず効果は上がらなかった。その後も多くの会議はつづくが、対策は先送りになっている。

二〇世紀の大量消費を支えたのは、貧しい国の安い資源と安い労働力だった。現在でもこの構造は変わらず、貧富の差は富裕国の若者たちにも広がった。貧富の差は、生命環境を劣化させる大きな要因になる。

そして地球の限界と残留汚染の問題に加え、**もうひとつの限界点として、氷が地球上か**

ら無くなり、回復不能になるかも知れない重要な時期を、私たちは通過しようとしている。更にひとつ、生物圏は人類の大量消費を原因とし、歴史上六回目の絶滅に向かっている。

私が空から見てきたものは、人類が多くの資源を消費して出した汚れが、地球の循環の浄化能力を越えて、環境の中に溜まってしまった地球の姿だったのだ。

人間を解放し自由にする筈だった科学技術が欲望の自由に結びついたとき、人類の存在は限りなく巨大化し、排出する廃熱廃物の前に、地球は儚く小さくなってしまった。

月から眺める感覚で見ると、人類は際限なくスピードのでる乗り物に乗って、霧の中を前方に確かにある壁の存在を知りながら、加速しているかのようだ。

今急にブレーキをかけても間に合うのか、本能的に既に固唾を呑むような状況にある。それなのに、もっと新しいエネルギーを注ぎ込んで加速しないとエンジンが止まるとか、ブレーキをかけるのは速度計を調べてからにしようとか、更に速く走る乗り物を造って、走るのを止めるのは自分の仕事ではない、と言っているように見える。

人類は霧の中に突如壁が見えるまで、ブレーキをかけないつもりなのか。

Y

第二章　地球温暖化と氷の存続

地球の能力と残留汚染の概略

地球には、資源やエネルギーの供給の限界や、汚染の浄化能力という限界が存在する。一九八〇年の頃、人類の消費が持続可能な地球の能力の限界を超えた。この時以後に増えた消費はコップから溢れ、浄化されず汚染となり残留する。約三〇年で倍々になる現在の経済成長率で消費を増やせば、残留汚染も倍々増で蓄積される。

環境の危機は、経済成長に伴うエネルギーの使用過剰が出す残留汚染の増加にあって、エネルギー不足にはない。地球の温暖化も二酸化炭素の残留汚染の結果だ。温暖化ガスや有害物質や核廃物など、残留汚染の難問が、続く世代の命に押し寄せている。

この汚染問題への対策が遅れるほど汚染の残留量が増え、先延ばしするほど対処費用も指数関数状に増えて福祉や社会を維持する費用が破綻し、社会構造や生態系の劣化が深刻になる。もし人類が地球の浄化能力以内に戻る対策を自ら採らなければ、地球は生存に厳しい環境に変化した後、万年の単位で安定する。

地球の温暖化と生物種の絶滅の概略

温暖化の危機とは、地球上の氷が全部融け海面が七〇メートル余り上昇し、生命圏が全く変化することにある。地球の歴史は、平均気温が現在よりも四～五℃以上高かった時代には、地球上に氷は無かったことを示している。

約五〇〇〇万年前から寒冷化が始まり、約三五〇〇万年前、先ず南極に氷ができ始めた。以後も続く寒冷化で、現在より二℃位高くまで気温が下がった三〇〇万年前、北半球にも氷が発達し過ごし易い気候になり人類も発生した。その寒冷化の歴史を、産業革命以後の僅か二～三〇〇年で人類は逆行し、氷のない世界に戻そうとしている。こんな短期間に急激な変化を生命環境に与えたら、生物種は変化に適応できず絶滅する。

二〇一三年、気候変動に関する政府間パネル（ＩＰＣＣ）温暖化会議は今世紀末に気温が二・六～四・八℃上昇すると発表した。これを地球の歴史に見ると、地球上に氷は無く海面が七〇メートル余り高かった三五〇〇万年前の状態に戻る可能性を示唆している。

生きものは過去、約一億年毎に五回、殆ど絶滅しながら生きながらえてきた。

そして今、人類の大量消費が原因で一日一〇〇～二〇〇種もの生きものたちが死に絶えている。それは六回目の絶滅期が、既に始まっていることを意味する。

大気の二酸化炭素濃度と気温から見た温暖化

人類が排出した二酸化炭素が原因で温暖化し、地球上の氷が融け始めた。氷雪は、太陽の熱を反射する「地球の鏡」の役割を果たしている。氷や雪の面積が減ると、地球の鏡が小さくなって、宇宙に反射する太陽熱が減るのと氷の損失とで地球の温度が上がって海面より上の氷が融ける分と海水の膨張とで、海面が上昇する。

久しく氷の無かった地球が、五〇〇〇万年前を境に寒冷化に向かい、**約三五〇〇万年前先ず南極に氷ができた。その時の大気中の二酸化炭素濃度は約四五〇ｐｐｍ。気温は現在プラス四～五℃位。これ以上では地球上に氷は存在せず、海面は今より七〇メートル余り上昇する**（以下「現在プラス・マイナス」の表記は概ね、現在の平均気温を基準とする）。

それ以後も地球は寒冷化を続け、約三〇〇〇万年前に北半球にも氷が張り始めた。その頃の二酸化炭素濃度は推定三四〇ｐｐｍ、気温は現在プラス二℃位。この二酸化炭素濃度と気温の値まで寒冷化する以前には、北半球に氷は存在せず、海面は現在より二五メートルも高かった。

更に、大気中の二酸化炭素濃度は下がり北半球の氷は発達した。以後、二酸化炭素濃度は二〇世紀まで三〇〇ｐｐｍを超えたことはない。最少濃度は一七〇ｐｐｍ。産業革命前は二八〇ｐｐｍ。二酸化炭素濃度は気温と海面の高さに連動している。[注2]

地球上に氷が在る状態を氷河期と言う。氷河期には、氷期と氷はあるが温暖な間氷期があり、現在は間氷期にあたる。間氷期の期間は約一万年、氷期を挟んで約一〇万年の周期で間氷期が訪れる。**現代では、科学調査技術の発達によって、約五〇万年前から現在までの間氷期や氷期の、気温や海面の高さや二酸化炭素濃度の変化量が、高い精度で分かるようになった。**

間氷期の気温は高くても現在プラス一℃位。**一三万年前の間氷期は、現在プラス一℃弱だったが海面は約五メートルも高かった[注3]。これは、現在の気温が一℃高くなった結果がどうなるかを、殆ど正確に示唆している。**

氷期には、気温が現在マイナス五℃位まで下がることがあり、二万年前の氷期には海面が一〇〇メートル以上も低くなるほど地球は凍り、今のカナダの殆どが厚さ二~三〇〇〇メートルもの氷で覆われたという。

氷が厚くなるには、積雪の溶解の繰り返しで固まるので万年の単位を要するが、氷期が終わると反対に氷が融けるのは速く、海面は一〇〇年に四メートルも上昇した[注4]。この歴史から、例え今日の海面上昇の値は小さくても氷の融け方は加速しており、海面は二二世紀に入れば更に上昇を続けると想定される。

温暖化の未来を考えるには、これら氷の歴史の概略を知っておくと分かり易い。

氷の存在できる限界値の超過――国際会議の動向

地球の大気の歴史を三五〇〇万年の幅で逆に見ると概略、気温が現在プラス一℃上昇したら海面は最終的に五メートル上昇し、一～三℃上昇したら北半球の氷は消えて海面は二五メートル上昇し、四～五℃を越えて上昇したら南極の氷も融けて地球上から氷が無くなり、海面は七〇メートル余り上昇する、これが氷の歴史の物語だった。そして現在……

一九八〇年の頃、人類の大量消費による汚染の量が、地球の浄化能力の限界を超えた。一方、一九八〇年当時の二酸化炭素の濃度は三四〇ｐｐｍだった。この濃度では北半球に氷が残るにしても限界値だ。この頃から山岳氷河が眼に見えて融け始め、今では北極の氷は約半分に減りグリーンランドや南極の氷も融け始め、現実に北半球の氷は消滅に向かっている。北半球の氷が消えたら海面は二五メートル位上昇する筈だ。[注5] 生物種も、この頃から急激に減り始めた。

消費の限界と、北半球の氷の存続の限界と、生物種の減少という、三つの限界の時期の一致は、地球の能力の限界として偶然ではない筈だ。

更に二〇一三年、大気中の二酸化炭素濃度は四〇〇ｐｐｍを超え、年二ｐｐｍ上昇中。二五年後の二〇三八年には四五〇ｐｐｍを越えてしまう。

地球上に氷が存在できる二酸化炭素濃度の上限は、約四五〇ｐｐｍ、気温の上限は現在

プラス四～五℃位。この限界値を超えたら地球上から氷が消え、海面は七〇メートル余り上昇する、と歴史は示唆している。まさに生命圏は緊急事態にある。

前記のＩＰＣＣ温暖化防止会議は物理科学の世界だが、現実には政治が対策を決める。初回の会議から対策は先送りのまま、既に四半世紀が過ぎた。北半球の氷の存在を諦めているのだろうか。しかし北半球から氷が消えたら生命圏は崩壊するだろう。

ＩＰＣＣ会議の予測では二一世紀末の海面上昇は一メートル未満だが、二二世紀にどうなるかには触れていない。政治や経済的な利害への思惑が複雑なのかも知れない。けれど、**約五〇万年前からの氷の経過は相当に明白なのだから、不確実な理論や理屈で先送りにせず、氷の歴史に従っての対策が急務**ではないのだろうか。

続く世代のための環境対策の内、大気中の二酸化炭素濃度は、北半球に氷が残るよう、最大でも三四〇ｐｐｍを越えない値を目標にすべきではないのか。[注6]

ＩＰＣＣには科学者に加えて政府が関与し大企業の意向も入るので、過少想定の可能性もある。その**ＩＰＣＣ会議が今世紀中に気温が二・六～四・八℃上昇する、と驚愕的な予測**を発表した。**この気温では恐らく、北半球の氷は消え南極の氷も殆ど融けて、海面が最終的に七〇メートル近く上昇する、と歴史は示唆している。**それでも世界は経済成長志向を止めようとしない。

二酸化炭素濃度と気温と氷の歴史

年代を追って表に並べると分かり易いかも知れない。地球の歴史と人間の営みを大雑把に書いてみた。長くなるので恐竜が滅亡した時期以降にした。[注7] 年代は概略誤差を含む。表を書きながら感慨深く思ったのは、私たち人類の誕生である。最後の最後に、何とも儚く現れた。その人類が、生命環境を大きく変えようとしている。

六五〇〇万年前――直径約一〇キロメートルの小惑星が中南米のユカタン半島に衝突した。殆どの生きものたちと伴に、恐竜が亡んだ。この頃、地球上に氷は存在していない。二億年も昔、ひとつにまとまっていた大きな大陸が幾つにも分裂し漂流を始めており、漂流はこの時も続いていた。大陸の漂流時の摩擦は地球の温暖化に関係する。

五〇〇〇万年前――大気中の二酸化炭素濃度は約一四〇〇ｐｐｍ。気温は現在プラス一〇℃余り。この頃の大気温が一番高く、アラスカにワニが居たというから、極地方が熱帯というほど地球は暑かったことになる。これを境に地球は現代に向かって寒冷化していった。この時期の温度が特に高かった原因には種々説がある。アフリカ大陸から分かれたインド亜大陸が急激な速度で移動し、今のアジア大陸に衝突したその途中経過に原因があるらしい。インド亜大陸の漂流速度が異常に早く、その摩擦エネルギーで、海下の大陸棚に凍っていたメタンを融かし大気中に大量に排出した。このメタンの強力な温室効果により大気温度が急上昇したという。この説に私は地球のロマンを感じる。
インド亜大陸の衝突が一段落し、温室効果が強力なメタンや二酸化炭素の排出が減って、三五〇〇万年前まで急速に寒冷化し、以後も現在のような温暖な気候に向けて、徐々に温度を下げていった。

三五〇〇万年前―――**二酸化炭素濃度は四五〇プラスマイナス一〇〇ｐｐｍ**（地球上に氷が存在できる上限）。**気温は現在プラス四〜五℃位**。
地球上に久しく無かった**氷が南極に発達**し始めた。北半球に氷は未だ無い。こうして三五〇〇万年前を境に地球上に氷が存在するようになった。**二酸化炭素濃度が四五〇ｐｐｍを超えたら、地球上に氷は存在できない**ということだ。
地球上に鏡の役割をする氷がなくなれば、宇宙へ反射する太陽熱が減って気温が上昇し海も膨らみ、融けた氷の体積が加わって、最終的に海面が現在より七〇メートル余りも上昇する。

三〇〇万年前（鮮新世中期）――**気温は現在プラス二～三℃。海面は現在よりも二五メートル高かった。二一世紀に気温が二℃を越えて上昇したらどうなるかを、この歴史が示唆している。**その後、二酸化炭素濃度が推定で三四〇ｐｐｍ、気温が現在プラス二℃位に下がった頃から、**北半球にも氷河や氷床が発達し始め北極の海も凍り海面も下がり、一般に言われる氷河期に入り現代に至る。**

氷河期には、氷期と、氷はあるが少し暖かい間氷期がある。現在は間氷期の後期にある。

間氷期と次の間氷期には約一〇万年の周期がある。地軸の傾きの変化や木星などの重力の影響で、太陽を回る地球の軌道が真円ではないことに周期が関係するらしい。間氷期は一万年ほど続く。

間氷期の間にも温度の波があり、現在より少し暖かい間氷期があった。その時の温度は**現在プラス一℃位だったが海面は現在よりもプラス二～五メートルを上下した。**

二酸化炭素濃度は、二八〇ｐｐｍから氷期の一七〇ｐｐｍ位を行き来した、気温は現在プラス一℃～マイナス五℃位。

二〇万年前（二つ前の間氷期）――**現代人が誕生。**ネアンデルタール人も少し前に誕生。

一三万年前（ひとつ前の間氷期）――この頃から人は火を使い始めたようだ。

気温は**現在プラス一℃位。海面は五メートル位高かった。五〇年の間に二〜三メートル海面が上昇した記録がある。**[注8] **現代の気温上昇の結果がどうなるかを示唆している。**

七万年前――人類は既に言葉を使っていたらしい。当時スマトラ島のトバ火山の大噴火の雲で空が暗くなり気温が急降下した。暗くて寒い状態が何と約五〇〇〇年も続き、人類は殆ど滅亡した。生き残りは世界で僅かに数千人ともいわれる。

現人類の七〇数億人全員は、この時の数少ない生き残りの子孫ということになる。

別系統ヒト属、ネアンデルタール人も生き延びたが、数万年後に亡んだ。

二万年前――この時の氷期は特に寒く大氷期ともよばれ、気温が現在マイナス五℃位に下がった。今のカナダを覆った氷の厚さは二〜三〇〇〇メートル、海面は一〇〇メートル余りも低くなったとある。僅か五℃の違いでも、地球環境はこんなにも変化する。

この氷期が終わり暖かくなり氷が融け海面が上昇し始めた頃、モンゴロイド族がシベリアから氷を乗り越え、海面の低下で陸続きのアメリカに渡って行った。[注9]

一万年前――世界人口はまだ数百万人だった。

人類は、農耕という他の生きものたちと違った生き方の路を歩き始めた。

八〇〇〇年前――海面の上昇が止まり海面が現在まで約八〇〇〇年に亘り海面が安定した。長期の安定は歴史上極めて稀である。注10 **都市は海岸に近く発達する。それには海面の安定が条件になる。**広大な農耕が可能になり人口が密集し始めた。食糧の余剰或は略奪で都市が発達し始め、人口も増えた。世界中の遺跡を集めた大英博物館など、私たちが目に見る人間の歴史時代に入った。

西暦元年頃――人口一～二億人。燃料用や焼畑農業で森林の伐採が増え始めた。

一八〇〇年――人口一〇億人。この頃の二酸化炭素濃度は少し上昇して二八〇ｐｐｍ。人口が増えてヨーロッパに森林が不足し、産業革命という石炭を燃料とする文明に代わっていった。

一九〇〇年――人口一五億人。飛行機の曙の頃。（一九二七年に人口二〇億人）

一九五〇年――人口二五億人。石油文明、大量消費時代の始まり。（一九四五年に第二次世界大戦が終結）

一九六〇年——人口三〇億人。ジェット機や大型タンカーなどによる大量輸送。

一九八〇年——人口四五億人。二酸化炭素濃度約三四〇ｐｐｍ。地球上の氷が融け始め、生物種が急減し始める。

大量消費が地球の能力を超えた、**人類が地球の限界を超えた、とされる年**。

この頃、レーガン政権の米国が累進課税を緩和する。貧富の差が拡大。

二〇〇〇年——人口六〇億人。二酸化炭素濃度約三七〇ｐｐｍ。一日に約一〇〇種の生物が絶滅。

温室効果ガスの削減を定めた京都議定書が二〇〇四年に発効するも、ブッシュ政権の米国など、化石燃料消費大国が経済界への悪影響を理由に離脱。

二〇一三年——人口七二億人。**二酸化炭素濃度が四〇〇ｐｐｍを越え、さらに年二ｐｐｍずつ上昇中。一日に約二〇〇種の生物が絶滅。**

あと二五年で四五〇ｐｐｍを超える緊急事態。海面が七〇メートル余り上昇の可能性。

ＩＰＣＣ地球温暖化防止会議、二一世紀末の気温上昇予測を二・六～四・八℃と発表。

温室効果の高いメタン

地球を温暖化させるのは、主に化石燃料であり、世界温暖化会議でも二酸化炭素の削減が主な議題になっている。

しかし二酸化炭素の他に、温室効果が二酸化炭素の三〇倍ともいわれるメタンがある。そして、その大部分は、現在も海底の大陸棚に大量に凍った状態で眠っている。

私は化学に疎いが、生きものの屍骸が大陸棚や地底に沈殿し、酸素のある状況で分解されたものが二酸化炭素になり、酸素のない状況下で分解されたものがメタンになるそうだ。メタンが海底やツンドラ地帯で、凍った状態にあるのがメタンハイドレート、とある。だからメタンの周りの海洋や土の温度を上昇させると、凍っていたメタンが大量に融けてぶくぶくと大気中に沸き上がり、酸化してその強烈な温室効果を発揮させてしまう。温暖化で、永久凍土のツンドラ地帯の地熱が上がり、凍っていたメタンが融けだした。極地方は赤道の三倍も温度が上がり易く、氷もメタンも融け易いのだ。

人類の影響で短期間に温暖化が進めば、地球の負のフィードバックという雨や有機物の埋没や火山活動の減少など、大気中の二酸化炭素を減らす炭素循環の調整機能が働く暇がなくなり制御不能になる。地球には負のフィードバック（減らす調整機能）と正のフィードバック（増やす調整機能）があり、温暖化に危険なのは増やす機能だ。[注11]

地球と人類の運命

私は、人類が地球と調和して生きていれば、五〇億年の地球の寿命と同じく生き延びられる、と思っていたがそうではないようだ[注12]。

太陽は一億年に一%ずつ熱くなるそうだ。熱くなると、地球の負のフィードバック機能が働いて二酸化炭素を地球に閉じ込めるので、数億年後、今とは逆に大気中の二酸化炭素が不足し、光合成に生きる今の生きものや人類は、炭素不足で消える運命にあるという。

更に太陽が熱くなれば海も蒸発してしまう。水蒸気の温室効果は大変強烈なので、地球はどんどん熱くなり、地球内に閉じ込められていた二酸化炭素やメタンは全て焙り出されて地球をとり巻き温暖化が加速する。更に水蒸気の水は分解されて地球から水が無くなり地球は最後に灼熱の金星と同じ状態になってしまうらしい。

更にさらに太陽は熱くなり終には膨れはじめ、五〇億年後に五〇%も熱くなった太陽は巨大な星になって地球を包み込み、地球をも蒸発させてしまう。

そうなると、死んで焼かれて分子になって地球と一緒にいた私は、地球と伴に蒸発し、ガスとなって新たな宇宙の循環の旅にでる。何だか楽しい気もする。

私の大切だった人、私を大切にしてくれた人。私を嫌っていた人の分子も、皆一緒だ。これは空想ではない、科学の世界である。

地球環境は激変している――眼に見える変化は歴史動画の早回し

独りでいるときの人間は小さい儚い存在であり、自然に影響を与えるほどの力はない、という感覚が私たちにはある一方で、科学技術は人間の力を一万倍以上にも大きくした。

産業革命以来の化石燃料使用の大型機械や、化学工業製品の拡散や、大企業の構築物の大型化と大量生産と二〇世紀一〇〇年で四倍に増えた人口により、自然への人間の影響力は今や「一〇万馬力」に増幅された。更に星の生成にかかわる核力まで利用し始めた。

特に二〇世紀後半の石油による大量輸送文明になってからの影響力は絶大であり、僅か五〇年の間に、大気や海や山や河川を大きく変化させ、生物種も急減させてきた。

そして人類には、科学技術で自然を屈服させ、問題が起きても科学技術が解決してくれるという、無意識的な風潮が広がったように思われる。

その風潮と欲望の自由とが一緒になり大量消費に向かった結果、無限に大きいと思われていた地球に、人類の影響による眼に見える変化が表われ始めたのだ。

地球の変化にはどのような規模があるのだろう。地球の歴史を眺めると、大きくは大陸の大移動がある。現在の幾つもの大陸は、二億年前はひとつにまとまっていた大陸が夫々に分かれたものだ。数億年も経つと又、ひとつにまとまるように移動するという。大陸は地球の循環の中で移動を繰り返すらしい。壮大なロマンだ。しかしこれは一年に数センチ移動するといった規模だから、寿命の短い人間には見えないが、巨大な変化である。地球の変容には、万年億年の永い単位を要する。と言うことは……

人間の大量消費による数百年という短期間で起きた地球の変容は、地球の歴史上では大激変になる。これが生命環境の危機に拘る激変であっても、命の短い人間の眼には緩慢に見えるので、危機感を呼ぶこともなく、のどかな日々が過ぎていく。

例え地球の変化が緩慢でも、眼に見えるようなら、地球の変化の規模からは一瞬の爆発ともいえる変化だ。ここ数十年、地球表面の氷雪が眼に見えて融け始めているのは、大激変ということだ。これも人類の大量消費が地球の能力の限界を超えている証と言える。

三五〇〇万年で四～五℃下がった地球の寒冷化の歴史を、人類が原因の温暖化で、僅か二～三〇〇年で元の温度に戻す！　二酸化炭素の変化で言えば、自然は一万年に数ｐｐｍを変化させてきたが、人類は一年で二ｐｐｍも変化させている。地球に及ぼす人類の影響力は、自然の万倍の単位、何と巨大なことだろう。歴史動画の一万倍の早回しと同じだ。

半世紀ほど前の高度成長期に、大企業家といわれる人が、日本に土地が足りなければ、山を削って海を埋め立てればいい、若い人はそれ位の雄大な考えを持たなければ駄目だ、と言った記事を憶えている。命を基礎に置かない知性や欲望や科学技術は、凶器になって人類だけでなく、生命圏をさえも崩壊させてしまうだろう。

地球の氷の融け方の現状

地球の氷雪の盛衰の歴史から、温度変化に対し、高山の氷や北極や南極の氷が融けるには一〇〇〇年の単位が必要と考えられていた。そうなら対策はゆっくり考えればいい。しかし近年の状況から、地球の氷の盛衰が緩慢なのは自然の温度変化が緩慢だったからと考えられるようになった。速い温度変化には、氷は敏感に反応して早く融けるのだ。二〇世紀以来の気温の速い上昇に反応し、怖れていたように山岳の氷雪をはじめとし、北極やグリーンランドや南極の氷までが、現実に融け始めたのだ。

北極の氷の面積は約半分になり、グリーンランドや南極の氷も減り始め、南極の陸氷から海に突き出た棚状の氷も二〇〇〇年の頃から急速に崩壊し始めた。高い山の雪の融ける様子や氷河の後退は、身近な写真でも見ることができる。[注13]

グリーンランドの氷の表面に水たまりが出来ている。写真を見るとその水が流れて氷に穴をあけ、垂直に落ち込んでいる。穴の下はどうなっているのか。

グリーンランドの地形は、島を覆う白い氷の形とはかなり違う。航空附図で見る地形は人の耳の形をしており、氷の下の左側は大きな入り江であり氷の底は海と接している。氷は海水温の影響を受け易いので、海が暖まると氷が下から融け始める。

二〇一三年のＩＰＣＣ温暖化防止会議で重要な点は今世紀中、大気温度が唯の一〇〇年の間に二・六〜四・八℃上昇する見込み、と言っていることだ。

気温が四℃上昇したら、氷が全部融けるのが今世紀中でなくても、地球上から氷が姿を消すと考えるのが妥当ではないのか。氷が全部融けたら最終的に海面が七〇メートル余り上昇する。

地球の氷の歴史からはその可能性は高い。激変という他ない。氷が元の厚さに戻るには積雪と溶解の繰り返しで万年の単位が必要という。

ＩＰＣＣの会議報告は今世紀の海面上昇を一メートル未満と控えめに書いているけど、炭素や海洋の循環には数百年の遅れがあるので、海面の上昇は幾世紀も続くのだ。

直ちに二酸化炭素の排出を止めても、四〇％の二酸化炭素は一〇〇〇年も大気中に残る。環境が変化した海面の状態は一〇〇〇年は続く、とＩＰＣＣ報告も言っている。[注14]

海洋は極地方と赤道の温度差や塩分の濃度差で流れている。そして赤道で一℃気温が上がれば極地方は三倍の三℃上がる。[注15]温暖化で極と赤道の温度差が変われば、海流の位置も流量も変わる。例えば海流の位置が変われば旬のカツオも獲れなくなるだろう。

温暖化が更に進めば、二酸化炭素を吸収した海の酸性化と、地球表面から氷が姿を消して海面が上昇し、生命圏は陸海共に崩壊する。

温暖化の被害

見えないと人は心配しないし対策を考えない。しかし眼に見えてからの対策では遅い。地球の循環が一周するのは二〜三〇年、汚染が見え始めるのは汚染が環境に大量に広がった後だ。プールの水が変色するのは大量のインクが混ざった後になるのと同じだ。

地球の歴史の教えによれば、一℃の温暖化で海面は五メートル上昇した。現在の海面が一〜二メートル上昇しただけでも、デルタ地帯や大きな河口の平野に発達した世界の大都市の多くは活動不能になる（海面が一メートル〜五メートル上昇した場合の地図があれば見たい）。津波がゆっくり来て、そのままになったのを想像すればいい。島を含め平野に住めなくなった数億、或は数十億人の温暖化難民がでる。大きな国は自国だけで何億人の難民がでる。国境を越えて難民も押し寄せ、暴動も起きるだろう。世界は相互依存しているので、世界経済や社会システムは崩壊するだろう。

温暖化防止世界会議は国のエゴが強く出て纏まらない。自国だけ或は自民族だけでも、後世に生き延びようという、暗黙の気配が強大国に漂い始めたように思われる。

極地帯の永久凍土が融け始め、家が陥没し道路も通れなくなった写真を見た。凍土内の相当量のメタンが大気中に排出しているとしたら、温暖化は加速されるだろう。温暖化で空気が暖まると、空気の性質で大気中に含まれる水蒸気の量が大幅に増える。

大気中に水蒸気の量が増えると雨量は増え、水蒸気が飽和して雲になり雨になる時に莫大な潜熱エネルギーを出すので、風速も上昇気流も強くなり積乱雲が巨大化し、近頃目立ち始めた局地豪雨や豪雪となる。観測史上、最高の記録は増えていく[注16]。

台風は強力になり竜巻も増えた。付随して家屋の崩壊や洪水や土石流も発生し、複合的に大災害を起こす。温暖化と風速に比例して、森林の火災も増える。

風の圧力は風速の二乗で増えると言う。感覚的には風速が二割増えると被害は四割増えると思えばいい。異常気象の被害は年々甚大になる。保険の支払いも増える。経済界が環境問題に真剣に取り組むことを期待したい。一℃に満たない上昇でもこの状態である。

山に雪が積もらなくなったら、夏場の水が足りなくなる。世界の気象の分布が変わり、居住地の気象が変わって住み難くなっても人は簡単には移動できない。三〇年ローンの家の行く末は見当も付かない時代になった。住み易い国の壁は高くなるだろう。

一〇〜二〇年もかかる巨大事業は、完成前に経済構造の破綻がくる可能性が高い。完成しても後の維持は困難になるだろう。四〇年もかかる原発の廃炉はどうなるのか。

地球の歴史が示す一番大きな被害は、四〜五℃も温度が上がれば三五〇〇万年前の昔に返って地球上から氷が消え、海面が七〇メートル余りも上昇し、その状態が数万年は続く。

そうでなくても生きものたちは、既に短期の変化に順応できず、絶滅に向かっている。

生命圏は既に絶滅期にある――絶滅への人間の影響力

生きものは、一九七〇年代の半ばから急に種を減らし始め、歴史上の六回目の絶滅期に入ったと考えられる。生命は過去に地球の環境の変化で、約一億年毎に五回、生物の殆どが絶滅した歴史がある。その度に灼熱や氷雪、或は小惑星の衝突という過酷な環境を生き抜いた数少ない生きものたちは、私たちに命の希望を託してきたのだった。

現在の生物種の数は、科学者により数百万種から数千万種とも言われていて正確な数は分からないが、大雑把に一〇〇〇万種としてもかけ離れた値ではないと思う。仮に、全生物を一〇〇〇万種として考えてみると……

例えば、環境の自然変化で、一年一〇〇種の生物が滅びた場合、一万年で一〇〇万種、一〇万年で全滅する。

一方、人類を原因とする生物種の滅亡率は、二〇〇〇年の頃では一日約一〇〇種だった。今では保全生態学者によると一日二〇〇種もの生物が地球から消えているという。多くは熱帯雨林の減少による。新種ウィルスは増えているが抗生物質のせいだろうか。

少なく見て一日一〇〇種が滅びた場合、年に約三万五〇〇〇種が滅亡するが、この滅亡率ならざっと三〇〇年で全生物の命が地球上から消えるのだ。

この滅亡率を、自然の変化での年一〇〇種と想定した滅亡率と比べると、三～四〇〇倍

にもなる。人類の破壊的な影響力である。[注17]

実際には三八億年前の生命の曙の頃の菌類や藻のように、近頃では放射線に強いサソリや皆の嫌うゴキブリさんたちが生き抜いて、命の絶滅を救ってくれるだろう。

誠におぞましいが、既に六回目の生物種の絶滅期が始まっている、と考えざるを得ない。原因は人類による有害化学物質と大量消費にある。今後はこれに核廃物が加わる。

陸では森の伐採が進み化学工業薬品は拡散し、命の大元の水や大気という循環の中に、汚染が残留し、生きものの体内に毒が濃縮されて子孫を残せず種が減っていく。

人間や大きな生きものは、夫々ピラミッドの頂点にいるので、ミラミッド下部の生物種が減れば上は消える。見える大きな動物だけを保護するのは困難だ。いずれ居なくなる。

一九八〇年の頃から、ジェット気流の蛇行が大きくなったのが目立ち始めたが、気流の南北で地表の気候は乱れ、陸の生きものたちの生息地は劣化する。

海で、大気中に排出した大量の二酸化炭素の三分の一を海が吸収する結果、海の酸性化が進み、藻など生物ピラミッド最下部の微小植物プランクトンが減り、海の生態系は土台から崩壊する。植物プランクトンは陸上でいえば緑の森であり、海中生物の命の大元だ。

海洋の酸性化の影響は既に、殻にカルシュウムを必要とするサザエやカニなどに及ぶ。そして珊瑚礁を劣化させ魚たちの楽園の棲家を奪い、海の種の多様性が消えていく。

種の絶滅の人的原因

人類の活動のために生きものが絶滅する原因を並べてみると、先ず森林の伐採がある。特に熱帯雨林は多様な種の存続にとって重要な生息地である。その熱帯雨林が人間の手で減らされており、種の絶滅の多くは熱帯樹林帯で起きている。加えて温暖化を原因とする森林火災が増え、森林は減少している。森林火災は空から見ても顕著になっていた。

他方、市場に数万種も出回っている化学物質は、天然にない物質のために循環の中では殆ど分解されず、水や大気の循環に乗って世界を巡り、生物循環の中で濃縮されて生命圏を劣化させている。狭い範囲の身の周りでもこの数年、小鳥たちの数が急に減っており、電線に並ぶツバメが激減した。「沈黙の春」を想わせる日々だ。

私は子どもの頃、小鳥たちと遊ぶ時間が多かった。その頃より小鳥の個体数は明らかに減っている。生きものが日に一〇〇種以上減っているのだから、当然かも知れない。

生物種は環境に合わせて生息する。気候や海流が変動すれば移動して、新しい生息地に適応し生存する。植物は自ら移動できないので、種を飛ばし或は動物に種を運んでもらい世代間の交代で生息地を変える。したがって移動が遅く、等温線が早く北上すれば追いつけない。その植物に特化して共存している動物も伴に滅亡する。

現在、一℃に満たない温暖化でさえも、等温線が一〇年毎に北へ五〇キロメートル、上に五〇メートル昇っているという。二～三℃も上がったらどうなるのか。

生物が適応できる移動の速度は大雑把に、一〇年で水平に五キロメートル垂直に五メートルと言われるから、生物の適応能力の一〇倍の速さで生息地は逃げていく。[注18] 高山や極地の生きものたちには逃げ場はない。気候に追いつけない生物種は絶滅しているのだ。

外来種も種の絶滅の大きな要因と言われる。持ち込んだり温暖化で南から移動してきた動植物の外来種が爆発的に増え、在来種を駆逐し種の多様性を激減させている。加えて、開発による湿地の減少や、単一植物の栽培でも、種の多様性は大きく損なわれてきた。すべて緊急に対処すべき問題である。

命の大元の水も、人間が独占的に消費して汚し下水道に流すので、水循環はバイパスされて生物全体の飲み水は不足する。特に家が疎らな里山の長い下水道は水循環を縮小する上、設備費も里山の一軒当たりの下水道の工事費は多額になる。

下水道の水は、科学技術のあらゆる努力にも拘らず、浄化不足のまま海に流れ海洋生物を苦しめる。使った水はその場の小型技術で浄化し土に戻せば水循環を豊かに保てる筈だ。

そして核廃物の汚染は、私たちの一時期の欲望のために、一万年～数十万年も残留して生きものたちを苦しめる。現代人は発生から未だ二〇万年しか経っていない。

命の連帯の歴史上、これ程の絶望があったろうか。

温暖化と大陸の漂流――地球のロマン

恐竜たちが亡びた六五〇〇万年前より更に一億年以上も前、地球の海に浮かんだ超大陸があったが、その大陸が分裂し夫々に分かれて漂流を始め、アメリカ大陸はアフリカ大陸やヨーロッパと分かれて、あたかもジグソーパズルがバラバラになっていく状態にあった。数億年経ったら、また戻ってひとつの大陸に合体するという、壮大な地球物語だ。

宇宙に在るものは繰り返し循環しながら、無限の素粒子の流れに沿って変容していく。そしてこの大陸移動の大ロマンは、地球の温暖化にも関係がある。

大陸の分裂劇のもとインド亜大陸もアフリカ大陸を離れ、インド洋を年に二〇センチメートルもの、通常の大陸の移動の一〇倍もの速さで北上した。速いのは大陸の厚さが薄かったせいらしい。

その漂流の最中、インド亜大陸は海底に大量に凍って眠っていた温室効果ガスのメタンや二酸化炭素を強烈な移動の摩擦熱で融かし、大気中に排出させ、気温を大きく上昇させながら、まるで動物が這うように漂流していったのだ。

このインド亜大陸の漂流による大気温の上昇の中でも特に一瞬、急激に温度が上昇した時期がある。五五〇〇万年前のことだ。

これを「温暖化極大事件」といい科学者の興味を惹いている。原因には色々説がある。

温室効果が二酸化炭素の三〇倍とも言われる、メタンが特に大量に眠る海底の場所があって、大陸がその上を通ったために、大量のメタンが吹き上がったと言うのもそのひとつだ。だが急激な温度上昇の「事件」と言っても数℃の差だし、一瞬と言っても地球の歴史では数千年かけての変化だ。一方、人類は唯の一〇〇年で数℃も上げようとしている。

インド亜大陸は大気温度を上げながら更に北上し、五〇〇〇万年前に今のアジア大陸に衝突してその下に潜り込み、二〇〇〇キロメートルも奥地まで進んだ。そのためにアジア大陸が押し上げられて隆起し、大ヒマラヤ山脈が形成されたのだった。

この衝突が止まったのを境に地球の寒冷化が始まり、三五〇〇万年前には地上に久しくなかった氷が南極に発達し始めた。その後約三〇〇万年前には北半球にも氷が現れ、現代に至るまで命に快適な気候が続いて、人類も発生した。そして今の私が居る。

エベレストがまだ静かだった頃に登りに行った私は、八〇〇〇メートルの岩稜で海の生きものたちが眠る黄色い地層に出会い五〇〇〇万年昔に想いを馳せ、巨大な山塊の重みを荷った地の底からの、地球の軋みに耳を澄ませたのを、今は懐かしく想い出す。

一年に一ミリメートルの隆起でも八〇〇万年で八〇〇〇メートルになる。ヒマラヤは今も隆起を続けているらしいから、地の底でインド亜大陸はまだ完全には止まっていないのだろう。

異常豪雪に想う人の絆

この一万年位の間、地球の気候は安定しており、こんなに永く海面が安定しているのは地球の歴史上では珍しいという。数万年の間には寒冷化により平均気温が五℃も下がり、地球の殆どが氷に閉ざされ、海面が一〇〇メートル余りも下がった過酷な時期もあったのだ。

人類の曙の頃から、地球の気候が変化したとき、豪雪に震え暑さに耐え飢餓に苦しみ、どのような困難を忍び、人は生き延びて続く世代に命を繋いでくれたのかを想像する。

私が飛行士をやめる頃には、空から見た世界の山々の氷河は明らかに後退し積雪の量が減り、飛行機を操縦しながら、気象が荒々しくなったのを実感していた。

危機感を持って空を降りて一〇年、美しい山々に囲まれた里村に移住して更に一〇年が経った。テレビでは時折大雪や洪水や竜巻きを報じている。二〇年も経てば環境の劣化は相当進んでいる筈だが、山水明媚の郷で四季は美しく巡る日々、私には温暖化や異常気象の気配は感じられない。一般の人に危機感が薄いのは当然のことと思われる。

里村での雪は毎年二～三回、多く積もっても二～三〇センチメートルくらいなので、積雪の量はいつもの四季の恵みの感覚の範囲にあった。

そのような穏やかな二〇一四年二月、山梨の歴史にないという異様な豪雪がきた。交通を絶たれた中、米の存在が保存食として際立った。五日ばかり孤立した家で色々考えた。

日々行き交う村人の笑顔や、妻の病に心を配ってくれる人の姿を想い浮かべると、心が温まり寂しくない。しかし透析が必要なのに、病院に行けない人はどうしているだろう。

孤立して思ったのは、支えになるのは人の心の温もりということだった。現在、私たちは災害の時、人頼みで待っているのが当然の状態に居る。これが一週間から一〇日の孤立なら、少々の不都合を我慢すれば良いけれど、停電した上に車が動けない状態がひと月も続いたら、多分独り暮らしの老人の多くに、餓死や孤独死する人がでるだろう。

普段、何如に外部との繋がりの中で生きているかを痛感する。村には人影はなく銀世界にポツポツと家が散在して見えている。大昔の人たちも、生き延びるときの支えはやはり互いを思い遣る心の絆だったに違いない。

テレビで行政は何をしている、と言っている。その人の表情から、孤立の中での現代人の心の絆を想う。このような時に大切な身近な人の絆は、お金という無機質な絆で薄められていくのだろうか。

今後、温暖化が進めば大気中に水蒸気が増えるので、異常気象は確実に多くなる。その災害対策に加え、これから増えて行く環境汚染や安全対策に多額の予算を喰われ、被災の時の人頼みの社会構造も劣化し、寄り添い支え合う昔の社会に返っていく。

何万年の昔から互いに支え合い、続く世代に繋いでくれた人たちとの絆を想う。

第三章　エネルギー問題を考える

再生エネルギー

製品を造る過程は、エネルギーという広がる熱の力を使って、原料から不純物や不要な部分を分別することにある。使ったエネルギーは、空間に広がるときに必ず熱か物の汚れに変化する。

その熱は水循環や放射に乗って宇宙に返され、廃物は地球の循環で消されて自然に戻るが、エネルギーや資源の種類によって自然に戻る期間に差がある。循環という宇宙の流れの中で浄化され、秩序に戻るのが早いのが再生可能エネルギーや資源と言われるものだ。

一〇年周期で循環に戻るものを五年で消費すれば、五年分の汚れが残るので持続可能ではない。一〇年以上の周期で使えば汚れが消えるのでクリーンといえる。

エネルギーがクリーンかどうかは、循環の周期以内で使うか越えて使うか、その使い方の違いによる。汚染が周期内に循環に戻っていれば、持続可能として使えるのだ。

核廃物も万年の単位で循環するが人間の寿命の間尺には合わない。人間の生きる間尺に最も合っているのは、循環する四季の巡りだ。だから美しく見えるのだろう。循環に戻る周期が早い遅いというのは、人の寿命や使い易いかの感覚にある。宇宙の理にはない。

太陽エネルギーをクリーンと言うが、洗濯物を干すように、何のエネルギーも加えず、そのまま使った場合は確かにクリーンだ。

太陽エネルギーは地上に着いたときには、既に地球の営みに使われて拡がってしまい、拡がる力は殆ど残されていない。この残り少ないエネルギーを集めるには別にエネルギーを注ぎ込む必要があり、多くの収支は期待できない。注ぎ込んだエネルギーも拡がりながら汚れるので、その量が多いと汚れの総量が増えて太陽もクリーンではなくなるからだ。

太陽や風力など、天の与えるエネルギーは面積当たりに残された拡がる量が少ないので、そのエネルギーを集めるには広大な面積が必要になる。地球の限界内に戻ることを優先せずにクリーンエネルギーの設備を増やせば、故郷は無残な風景になるだろう。

学術的なややこしい言い方だけど、持続不能な資源の消費の速さは、それに替わり得る持続可能な資源が開発される速さを上回ってはならない、という法則がある。

エネルギーも同じだ。石油より効率も悪く汚れも多い持続不能な新エネルギーを開発するのは、GDPは増えるが汚染が増え、困難を更に大きくする。今ある石油とその施設を、消費を減らす税制改革と組み合わせて使うのが、効率も良く汚染も費用も少なくてすむ。

自然循環動力の恵み――命にとって基本の価値

真っ白い雪や雲や雨や小川や海による水循環の輪と、樹や草や花や大きな生きものから微生物までの、命の連鎖の輪が創る生物循環が地球にある。地球に命が存続できるのは、これら二つの循環の相互作用による無償の恵みがあるからだ。

学校で習った経済学には種々の価値説があり、価値をすべてお金に換算するものだった。しかし、生きものたちはお金を必要とせず、連帯の本能で数十億年を生き抜いて、私たちに命の継承と希望を託してきたのだ。

命にとっての基本的な経済価値とは、自然が無償で働いてくれる循環という、地球規模の循環動力が生み出すエネルギーだ。それは、生物循環というエンジンを太陽熱で回し、水循環で冷却する動力の恵みであり、冷却に使った熱は水が吸い取って蒸発し地球の上空で熱を宇宙に戻す。車に例えるなら水冷式熱エンジンである。

これが生物循環と水循環が協力して与えてくれる、無償の天の恵みだ。そして生物循環というエンジンは、生物たちが連帯し協力し合って、数十億年をかけて営々と創りあげてきたものだ。

循環を太く豊かにするのは植物である。森林は大地に水を溜めて土の中の生物を養い、大地から吸い上げた水を使って太陽エネルギーを光合成し、大気中の二酸化炭素を食べものである糖に換える。そして大気に酸素を返し、さらに水蒸気を返して雨を呼ぶ。森が雨を呼ぶのは森の上に水蒸気が多いからだ。こうして生物は、水循環にも大きな役割を果している。

生物循環を簡略化すると、太陽からの熱を葉緑体が無機物に結びつけて植物に変える。動物はそれを食べて「汚れ」に変える。微生物がこの汚れを食べて分解し、元の無機物と熱に戻す。堆肥を作る時、驚くほど熱がでるのにこの分解の実例をみる。これが生物循環の概念だ。

微生物による汚れの分解のことを「腐る」と言うが、もしも分解する微生物が居なかったら、たったの一年で地球上はたちまち汚れの山となる。土壌は小さな生物が無償で働く巨大な汚物処理工場である。土壌は、生物循環の大元を支えているのだ。循環が豊かになればなるほど、この汚物処理工場も大きくなるので、その分の消費を増やすことが可能になる。

一方、水循環は微生物によって分解されて元に戻った熱を吸い取り、蒸発して空に昇り地球の外に熱を返す。蒸発は不思議な力、年に約五〇〇兆トンもの水を空高く運び上げる巨大な無償の恵み。熱を捨てた水蒸気は冷えて雲になる。雲は空の巨大な貯水池だ。

雲は恵みの雨雪になって地上に帰りまた熱を吸い取ってくれる。地球の循環はこの熱の流れを介し宇宙の大循環に繋がっている。

つい三〇〇年前、元は生物だった化石燃料というエネルギーに出会うまで、人類は他の生きものたちと殆ど同じく、この天からの循環の無償の恵みの中で生きてきたのだ。

生物循環が与えてくれる価値は、生物たちが無償で働いてくれる労働であり命の育成であり、無償で毎年変わらず提供し続けてくれる永久的な恵みである。

近代経済が多くの労働と多額の費用をかけて造り上げてきた、建造物などの価値が日常の生活に役立つのは短期間であり、残っても一〇〇年くらいで使えなくなる。

近代経済は、市場でお金に換えられるものを価値とし、欲望というその時々により変化する幻想を原動力とし、地球の循環というエンジンの無償の恵みを無償がゆえに市場では無価値としている。しかしそれは、最も経済的で命に大切なものを無価値とし、その構造を消費しているのではないのか。

これを例えるなら、製造費も修理費用もかからないで無償で働いてくれるロボットを、わざわざ壊して人工のロボットを別に造っているようなものだ。人工のロボットは高価で修理費もかかり年月が経てば老化する。

生物循環は、生きものたちが連帯という本能により営々として創りあげてきた、たった一本の糸で編み上げた網の目というか美しい織物のようなものだ。それはとても繊細で、一所が綻びると次々に伝線して生物循環の全体の崩壊に広がって行く。

この有難い循環を壊してまで一時的な欲望を満たすのは、経済学として大変奇妙なことではないのか。人類の誇る知性は、未来を見据えて続く世代の命たちに、より循環豊かな生命環境を残すことではないのだろうか。

人類は与えられた特殊な大脳の働きによって、この循環という無償の恵みを減らさずに大きく育てるのが、生きもの存在としての役割であると考える。

政財界が環境保全条約などに反対する理由は「この条約は経済に悪影響を及ぼす」ということだ。それは任期内の経済であり、長期には不経済であっても考慮に入らない。

市場で売れるかどうかの貨幣の多さに生きる価値を求めることに慣れてしまった人類は、何でも心までも貨幣で計ろうとする。

それならば、現在あるスーパーコンピューターなどを使い、生物循環や水循環を部分的にではなく、全体に亘ってしっかりとした貨幣価値に換算すればいい。

循環の大切さは眼には見え難いので充分に換算できないだろうが、大雑把でいい。無償の価値を価値とする実体経済学への変革への道となるだろう。他の命たちの恩恵を受けながらそれを悟らずにきた人類に「命は連帯している」ことを気付かせてくれるだろう。

私たち老人は、続く世代の命たちに、傷めた地球を回復して残す努力をせず、この世を去っていい筈はない。

地球の限界を表す指標——エコロジカルフットプリント

一九八〇年の頃、人類の活動の足跡としての消費と汚染が、地球の持続可能な扶養能力の限界を超えた。その論の基になる指標がある。指標は人類による、資源の消費と汚染の総量を表したもので、エコロジカルフットプリントという。注19

指標は環境への人類の負荷量の分析に利用されるが、この指標には人類以外の命たちの生活の場は含まれていないので、環境の危機に対して楽観的に過ぎる指標と言える。

私は科学者ではなく、この指標が地球への負荷をどの程度正確に示すのか判らないが、一九八〇年当時、空ではジェット気流が大きく乱れ、氷は融け始めるなどの、眼に見える兆候が多々起き始めていたから、地球の限界を表すには適切な指標であると思われる。

目に見える程の地球の変化は、地球の歴史では一瞬の激変を意味する。見える山の雪の減少は、地球の限界を超えている証と言える。その頃、私は空から観て山に雪が少なくなっているのを気にし始めていた。私はスキーでは深雪を滑るのが好きなので、山々の積雪量には敏感だったのだ。最初は気のせいかと思っていたが、私が登った高い山々の氷雪を登山の書にある写真と見比べると、明らかに雪の量は減っていた。

現在、保全生態学者は日に二〇〇種もの生物が絶滅しているという。この率は歴史上、生物が絶滅した時の数百倍もの驚愕的な速さだ。人類の大量消費が地球の限界を超えている証だけではなく、生物が絶滅期に入っている証でもある。

人間も生態系の一員だ。食べ物は命が死んでくれた姿。病気を治す薬の殆ども命たち、汚染を分解してくれるのも小さな命たちだ。人類は多くの命たちの助けや支えがなければ生きられない。生物種の絶滅には生物ピラミッドの頂点にいる人類も含まれるのだ。

この指標の採り方には反論もあるし、経済界の強烈な抵抗があるだろう。この指標を用いると、経済成長を進められなくなるからだ。「二〇年前、成長の限界を言った人たちが居たが、我々は成長が変化の原動力であることを知っている。成長は環境の友人なのだ」、と成長の限界論を、当時のブッシュ米国大統領は否定した。

農薬の害を告発した『沈黙の春』や「オゾン層の破壊」のフロンガス製造など、企業の強烈な抵抗の歴史を想う。成功例と言われるオゾンホール対策でさえ、有効になるまでに二六年かかった。オゾンの状態が落ち着くのは数十年先だ。

地球温暖化の世界会議では、対策は急務と言いながら行動に移れずに、初会合から既に約四半世紀が過ぎた。一方、世界経済会議では今も経済成長を謳い上げている。

指導者は科学者の意見を重視しないが、地球の限界は宇宙の理の世界であり、妥協の世界ではない。行く末を案じる世界の科学者たちは、どんな気持ちで聞いているだろう。

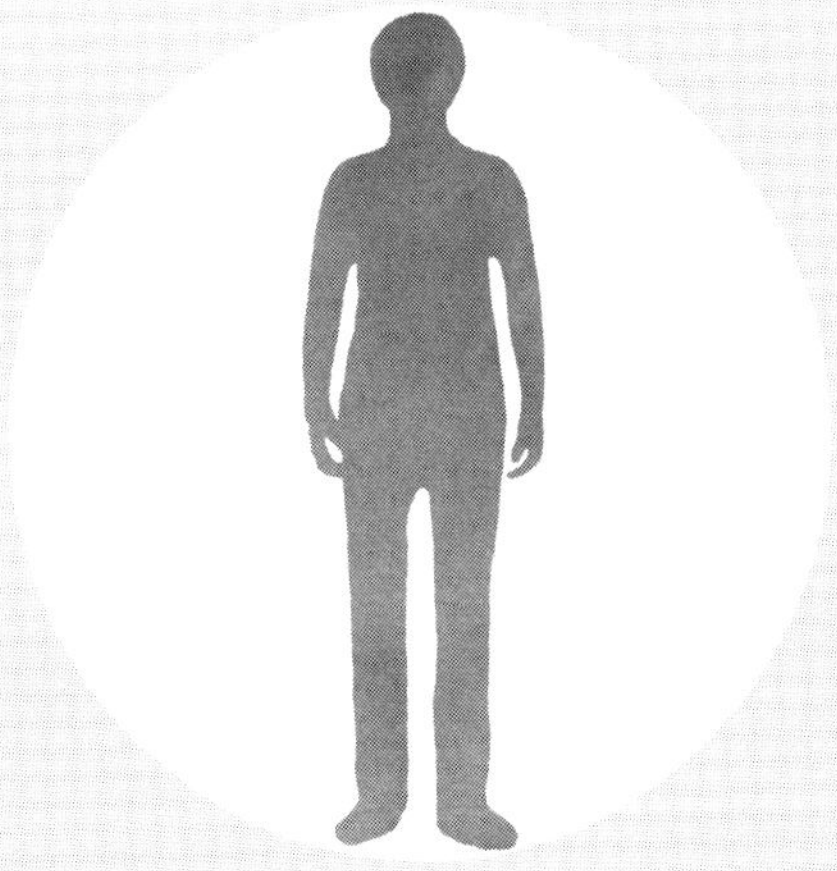

第四章　地球の限界と経済成長とその未来

欲望の自由――個人の権利

私が生まれた一九三四年の頃の地球は、まだ無限に広く夢と冒険に溢れ、人間は小さく儚かった。一方人類には貨幣という、欲望を腐らせずに際限なく溜めることを可能にする手段があった。加えれば、日本は近代化の時に、自然と調和して生きるという素晴らしい「循環に生きる」文化の心を離れ、大量消費への心の準備はできていた。

人たちは戦争中、言葉も行動も縛られた生活をしていた反動もあって、敗戦後何かにつけて自由や権利と平等、という言葉が流行っていた。

揉め事があったときに言う決まり文句は、「何をしようと個人の自由であり権利」だった。この個人の権利の主張は、特に戦後の世界の若者たちの心を捕らえていった。

自由や権利という自己主張と一緒に、平等も謳われていたのだから、相手の心への思い遣りも含まれる筈だったが、私を含む若者たちはそれを無視し、自分の都合のいい方に考えがちな人間に、自らの心を育ててしまった。今も、権利ばかりを耳にする。

二〇世紀後半に始まった石油での大量輸送文明は私と同時代の若者たちにより担われ、「成長の世紀」と言われる時代を過ごした。この大量輸送を可能にした石油文明を契機に大量生産が始まり、大量の物流と人の移動により地球は小さなものになっていった。

その物の流れに、自由市場が生んだ欲望の自由と、個人の権利を容認する法律と、際限なく欲望の貯えを可能にする貨幣とが結びついた。その結果は……

「消費は美徳」、生きる喜びに充分な量を遥かに越えて大量に消費する人たちが増えた。

この市場経済の欲望の自由と権利の主張によって、二〇世紀の終わりの頃、人類の消費が地球の持続可能な扶養の限界を超えてしまったのだ。

それでも、地球は無限に大きく恩恵を与えてくれるもの、という感覚は変わっていないらしく、限界内に戻ろうとせず、今も人類は経済成長を志向している。

「人類は、自然界との正面衝突への道を進んでいる。もし今の私たちのやりかたを抑制しなければ、生命を維持しつづけることができないほどに、世界を変えてしまうだろう。衝突するのを避けるには、根本的な変化がただちに必要である。」

これは私の文章ではない。一九九二年、地球の未来を憂いた世界七〇ヵ国の千数百余名の著名な科学者たちによる「世界の科学者たちから人類への警告」という報告書の要約だ。[注20]

普段は慎重な科学者たちがこの種の声明に署名するのは、余程のことだからだろう。

世界経済の会計の実態

個々の企業では資本の量が見えるので、資本を食い潰すことはしない。すれば倒産する。これは実体経済だ。

世界マクロ経済の母体は地球という資本にある。地球の資本としての鉱物資源や森林や魚の量などは見えず漠然としている上、地球は無限に大きく、人類の消費が少なかった頃はこの資本が無限に考えられ、資本として会計に計上する必要もなかった。

計上していなければ会計上は、例え地球の能力を超えて資本が減っても赤字ではない、という実態に沿わないことが起きる。

地球資本の量を会計に入れずに済んだのは、まだ大きかった地球が資源を提供し、地球の循環が汚染を無償で浄化してくれていたからだ。

しかし無償だったのは一九八〇年の頃までだ。それまでは地球資本の量が豊富だったので資本が減る心配がなかった。汚れが残留していても「外部不経済」と言い、地球の汚染浄化能力に任せておけば消えてしまい、他人ごとで済んでいた。

ところが一九八〇年の頃を境に、人類の資源の消費と排出する汚染の量が、地球の限界を超えてしまったのだ。例えるなら、水の浄化能力を超えて使い過ぎ、水が汚れ始めたのに、無理に使ってますます汚してしまい、飲めなくなってきた状態だ。

もっと端的に言えば、地球の循環が一〇年で再生産してくれているものを、五年で消費し続ければ、五年分が汚染となって残留する、ということだ。

一九八〇年代以降、世界経済構造という、地球を資本とする大企業が債務超過になり、地球資本の取り崩しが始まったのだ。地球資本の倒産は、一企業の倒産と違って生命圏が崩壊する。人類は他の命たちに養ってもらっているのだ。

世界経済も個々の企業も同じなのに、世界経済が直ちに倒産せずに済むのは、地球資本の消滅には数十年もかかるからだ。だがこれは倒産ではなく生命環境の崩壊である。

会計上からは、一九八〇年の頃を境に、地球の無償の恵みが有償に変わったのだかから、「外部不経済」といって無償で記載しなかった分を、有償として会計に記載しなければ、地球の実態に合わない仮想経済ということになる。[注21]

地球の限界を越えて経済成長を進め消費を煽る同じ人が、リサイクルを奨めるのも奇妙なことだ。リサイクルと大量消費は、相反する生き方である。地球に優しい企業と言いながら宣伝して消費を勧める。この態度をグリーンウォッシュと言うらしい。

採算の合うリサイクルはあまりない。そのままを使い切って循環に戻りやすく捨てるのがリサイクルであり、昔から日々の生き方であって、大量消費の免罪にはなり得ない。

大量消費以前の日本は、経済構造がリサイクル市場を含んだ循環型社会だったのだ。

GDPを考える

GDPは働いた合計を凡て生産として計上している。従ってGDPを増やす簡単な方法は、使えるものを壊し新しいものを造ればいい。雇用も増える。

耐用年数の短い製品を造って、部品の補給期間も短くすれば、製品の消費の回転が短くなって企業の利益は上がる。例え廃品の捨て場がなくても川が汚れても森が削られても、とにかく汚染が増えても消費を増やせばGDPと雇用は増える。

競争上、耐用年数を増やさざるを得なくなった現在も、欲望を煽ることで、消費を増やそうとする基本に変わりはない。

高度成長期に、人類の消費が地球一個分の限界を超え、超えた分が汚染となって残留し始めた。それでも経済成長を続けている。GDPも雇用も増えたが、残留汚染に付随して増えたGDPは「外部不経済」であって、生活の向上には貢献しない。

GDPの会計方法にもよるが、「外部不経済」分のGDPを差し引いたら会計上、地球の限界を超えた後のGDPは、プラスの成長にはなっていない筈だ。

予算の面から見ると、地球の限界を超えて経済成長を続ければ、通常の社会活動の維持管理の「必要経費」に加え、残留汚染や環境の劣化への対策費用の支出が増大する。

そうなると福祉など幸せな生活のために必要な経費が削られて、社会水準は低下する。

このように、地球の限度を超えた以降のＧＤＰ分は何らかの形の汚染となるので、成長するほど生活を劣化させる。生活を豊かにするための消費にはならないのだ。

ＧＤＰは労働量の指標であり、生活水準や幸福度を表す指標ではなく生活を劣化させる指標も含まれる。幸福度を表す指標があれば、一九八〇年を境に減り始めている筈だ。

幸せを求めて、こんなに地球を傷めても生活を豊かに感じられないのは、外部不経済や貧富の差が増えたことにもよるが、経済成長で時間までが加速される感覚が原因だろう。エンデという人の書いた『モモ』という児童文学にも、そのようなことが書いてあった。

政府は任期の短さから、数十年後の世代のことよりも、同じく短期利益を求める企業の役員と株主などを満足させ、且つ雇用を増やすのに簡便な方策として成長路線を採り、困難が起きる度に金融技術などで切り抜けてきた。

しかし困難を先に延ばし、現在の大量生産や大量消費を優先する考え方のままで成長を続ければ、資源の枯渇や残留汚染の増加が次々に起き始め、温暖化だけでなく、あらゆる方面から新たな困難が集団化して押し寄せてくる[注22]。

その限界のくる時期は、多くのシミュレーションによると、二〇三〇年の頃のようだ。これに対する政策を採っても、効果のでるのは少なくとも一世代後になる。

今は二〇一四年、時間の余裕は既に無い。だが世界は未だ協調態勢にも入っていない。

生命環境は崩壊の途上に在る

世界経済は繋がり、巨大になり過ぎた組織を急激に改革するのは「雇用の点でも破壊的になるから改革は現実的ではない」、と短期の処置で改革を先に延ばしてきた。

書には随分色々批評がでている。旧の会計に権益を持つ多国籍企業や資源メジャーなど巨大組織が、政府に働きかけて会計変更を困難にし先延ばしをさせているのだろう、とか。現実に政治を左右しているのは政府ではなく企業団体であり、その企業団体も消費者も、短期の利益でしか動かない、など。その通りだと思う。

だが国の指導者の立場で、献金を受けていたらどうするか。或は石油で利益を得ている企業や消費者の私たちが、二酸化炭素をはじめ残留汚染の莫大な「外部不経済」の費用を急に支払わなければならない、としたらどうするか。

政府は企業を潰せず、家庭はローンもあり子どもの教育にお金もかかる。自分の子どもを前にして、未来の世代に目をつぶり、現状維持に傾くのではないだろうか。

改革は現実的ではない、という立場に立ってみると、会議では自分から改革を言い出さないだろうし、自分や身内の不利になる改革は削ろうとするかも知れない。しかし心では何とかしなければならない、とは思っている。自分では身動きできないのだ。

この場合、外から決められた改革なら戦争に負けた後と同じで、皆が一緒なら仕方がない、と諦めて従うだろう。

このように「外部からの改革が必要」になる。現在の経済構造に利害関係ある人たちに改革を求めるのは、生命圏の危機を前にしては、現実的ではない。

希望があるとしたら、民主主義にある誰でも一票という公平な投票権だ。後章で述べる税制改革に鍵がある。企業も税制の利害には素早く反応するので、政策実施後に最短年数での効果が期待でき、利害関係の調整上でも税制は最も有効な方策と思われる。

事態は地球の限界を越えてから三〇年余が経ち、時間の余裕は既に使い果たした。現実に生物種も激減し、生命圏は劣化の路を進んでおり、このまま進めば崩壊が待っている。万全の対策が有効な時期は過ぎ、続く世代に如何に、より劣化の少ない生命圏を残せるかの、おぞましい段階に入っていると考えられる。

地球の循環には遅れがある。対策を立ててもその効果が表れるのは二〜三〇年後になることを考慮し、環境の劣化を少しでも少なくする方向へ一刻も早い対策が望まれる。既に空から見えていた環境の劣化は、地上でも眼に見え始めているのだ。

地球の循環で考えると、生命環境の劣化が目に見え始めたら、事態はかなり進んでおり、少なくとも数百年、地球の状態が安定するまで、環境の劣化は続く。

現代経済の巨大化――地産地消・小さいことは良いことだ

地球生命環境の危機を前にして、人類の心の連帯は進まず、原因の分析ばかりで対策を打ち出せないのは寂しいかぎりだ。しかし考えてみれば、原因を知りながら、自らの生活を脅かす不利な法律は作れずに、身動きできない人たちへの同情も湧いてくる。人は同じ立場にたてば、同じことをするだろうから。

企業は市場の寡占を求め株主への配当金を増やすために巨大化する。巨大化した経済は大型構築物と大量生産を指向し増殖するので、この構造を維持するには消費の拡大が必要となり、政経一体での経済成長がもっとも容易な方策となっている。そして、経済が不況になると金融の操作で株価や成長を支える。だがこれは思惑の操作であり地球資本に合った実体経済ではないのでいずれ破綻する。それに相手は裕福な人たちだけだ。

企業の責任の対象は株主にあるというが、奇妙ではないだろうか。経済という漢字の意は、世を治め民を救うとある。株主は民の一部の特定の裕福な人たちであり、欲望を煽られた人を除くと、一般の民には無関係の世界だ。テレビも経済では株のことが目立つ。

この巨大化した企業が倒産したらどうなるか。出資或は投資している金融機関や株主や世界中の関係企業や取引先、或は従業員の雇用など影響は広範囲に及ぶので、「短期運営に責任を持つ当事者」の役員や政府の立場としては、潰すわけにはいかなくなる。

地球資本を減らし、生命環境が劣化しようと赤字になろうと当面の短期の処置として、金融や証券界と政府が一体になり、金融技術に頼り巨大企業の延命処置を採る。

この企業の巨大化が地球の限界内にあった内は、少なくとも地球環境に対しては問題なかったが、巨大化した構造や設備の存続のために、次々に建造物も巨大化し、環境を破壊し汚染が拡がり、生命環境が崩壊し始めるまでに事業が巨大化してしまったのだ。

そして巨大企業が破綻しても存続させようとする先送り政策が、地球の限度内での持続可能な経済への移行を難しくする。法律も税制も長年に亘り株式資本経済の成長を持続させるよう構築されてきた。しかし地球の限界を超えた状況下では、どのような処置をしても地球の限界内に戻らない限り、何年か後には、同じ困難が増幅した形で揺り戻しがくる。対策を先送りする程、崩壊の度合いを激しくしてしまうのだ。

スモールイズビューティフル、小さいことは良いことだと言った経済学者がいたのを想い出す。里村に住み大店舗を利用する度にそのことに想いがいく。命の多様性が生命圏の存続に善いように、世界経済構造はグローバル化よりも、地球の循環に基づく地産地消型の地域経済での多様性の方が危機に強く汚染も少なく、救済も小型であれば楽である。

これを書いている今も、限界を超えたために起きた困難の、短期の応急処置に追われている一方で、より巨大な構築物の計画が発表される。

倍々ゲーム経済成長と消費の未来

現在の消費が二倍になったとしたら未来はどうなるだろう。例えばＧＤＰが二％で成長したら何年で二倍になるのか。「七〇÷成長率（％）＝二倍になる年数」という便利な公式で、簡単に計算ができる。つまりこの場合、七〇を成長率（％）の二で割る。三五年で倍になる。

例えば七％の成長を目指すなら、一〇年毎に消費が倍々に増えて、七〇年で約一三〇倍。この様なことが可能な筈はない。生命圏の崩壊で阻止されるからだ。

消費が地球一個の限界を越えているのに、三％の成長では五〇年を待たず消費が四倍になり、地球が何個も必要になるが、その前に社会のあらゆるシステムが崩壊してしまう。二％の成長でも三五年で消費が倍になり、その結果は明らかである。

一％の僅かな成長でも、七〇年で消費も残留汚染も倍になり、子や孫や続く世代に破壊的な結果を残す。この倍増率から経済構造の崩壊の時期は概ね想定できる筈だ。

無理に成長を続ければ、汚染の増加率が終盤に近いほど急になり、崩壊は急激になる。「欲望を抑制しなければ生命を維持し続けることが出来ない世界になる」、と著名な科学者たちの予測した世界が現実になる。

地球一個の限度内に戻る。持続可能社会への対策は物理的にも叡智的にも他にはない。

消費が地球へかける負荷環境の概念図

一九五〇年——一九四五年に第二次世界大戦が終結。大量消費文明始まる。
一九六〇年——化学物質や煤煙、川海の公害汚染が循環を蝕み始めた。大量輸送時代の始まり。
一九七〇年——石油ショック、成長への警告。日本のGNP、世界二位となる。
一九八〇年——地球一個分の限界。人類は地球の限界をこの年に超えた。持続可能な消費の限界。
一九九〇年——気象の異常が目立ち始めた。空から見る異常は更に進んだ。
二〇〇〇年——地球一・二個分が必要な消費。京都議定書の効果薄い。
現在　　——地球一・四個分が必要な消費。二酸化炭素が四〇〇ｐｐｍを超えた。
（以後の地球の必要個数は、不確定要素が多く、大雑把な考え方）
二〇三〇年——地球一・六個分が必要な消費。汚染や資源などに制御限界の多くの壁。
二〇五〇年——地球一・八個分が必要な消費。想像して欲しい生活生命環境。
二〇七〇年——地球二個分が必要な消費。地球一個分が残留汚染として溜まる。
以後　　——想像つかない生命圏の状態。

世界人口の推移

二〇世紀の一〇〇年で四倍にも増えた人口は、人類による過剰消費と伴に、地球に負荷をかける最大の要素だが、出生率が下がる条件が理解されるようにもなった。

幼児の基礎保健や母親の初等教育により出生率は低下する。この政策へユニセフなど、世界が力を入れてきたことに加え、都市人口の増加で出生率が下がってきた。

今世紀中に世界人口は九〇億人弱で落ち着く可能性もあるが、貧富の差を減らさない限り、環境の根本の問題は解決しない。

次頁の〈人口の推移〉を見ると、西暦元年から産業革命までに約九億人が増えている。年約五〇万人の増加率だ。

産業革命当時の一八〇〇年から一九五〇年までの一五〇年間に、約一五億人が増加した。年に一〇〇〇万人の増加率だ。石炭文明になり人口は急激に増えた。

一九五〇年の頃から、石油大量消費文明に入り二〇一〇年までの六〇年間に、年平均で約七〇〇〇万人増加、高度成長期に入ってからは年約八〇〇〇万人の増加が続いている。

これは石炭文明期の七～八倍の増加率となる。

この増加率を化石燃料を使用する以前の、年五〇万人の増加率と比較すると、石炭文明で急激に二〇倍、石油文明では爆発的に一五〇倍に増えたことになる。

〈人口の推移〉

一万年前　――数百万。(農耕を始める)

西暦元年　――一～二億。一万年で約二億人の増加(増加率の少なさに、生き抜く厳しさが偲ばれる)

一〇〇〇年――三億。一〇〇〇年で一億人の増加

一八〇〇年――一〇億。一〇〇年毎に一億人の増加(産業革命。大気中二酸化炭素濃度二八〇ｐｐｍ)

一九〇〇年――一五億。一〇〇年で五億人の増加

一九三〇年――二一億。一〇年毎に二億人の増加

一九四〇年――二三億。一〇年で二億人の増加

一九五〇年――二五億。一〇年で二億人の増加

一九六〇年――三〇億。一〇年で五億人の増加(大量輸送はじまる)

一九七〇年――三七億。一〇年で七億人の増加

一九八〇年――四五億。一〇年で八億人の増加(消費が地球一個の能力を超過)

一九九〇年――五三億。一〇年で八億人の増加

二〇〇〇年――六〇億。一〇年で七億人の増加

二〇一〇年――六八億。一〇年で八億人の増加

二〇一三年――七二億。(一・四個余の地球必要。大気の二酸化炭素濃度四〇〇ｐｐｍ)

地球環境問題の推移

学術書関連の文献の頁を探し読み直すのに手間がかかった。大雑把な推移があれば理解が早いだろうと考え、受験ノートの様で味気ないが、繰り返して列記する。

●一九六〇年頃、化学物質拡散の危険につき『沈黙の春』が出版され世に問うた。

●一九七〇年頃、国連事務総長が「世界の国々が協力して一〇年以内に対策を講じなければ、地球環境は抑制不能にまで悪化するだろう」、との主旨の声明を発表した。同じ頃『成長の限界』が出版され、消費は地球の能力を越えることが出来ないと強調。一九八〇年頃までに、これら警告を受け入れて対策を採っていれば、人類は持続可能で満足できる生活ができた筈だが、オイルショックの警告にも世界は動かなかった。

●一九八〇年頃、人類の消費は持続可能な地球一個分の限界を超え、山岳地帯の氷雪が融け始めた。生物種が減少し始めた。

●一九九〇年頃、千名を超える世界の著名な科学者が、「根本的変化が直ちに必要。欲望を抑制しなければ生命を維持し続けることが出来ない世界になる」、との声明をだした。倍々で増える経済成長の大量消費を前にしては、地球は小さすぎるのだ。

●二〇〇〇年頃、温暖化対策として京都議定書を纏めたが、二酸化炭素排出主要数ヵ国が署名せず、二酸化炭素排出権の売買も効力を発揮せず二酸化炭素は更に増えた。会議を続けているが、人類は未だに行動を始めない。経済成長志向は更に強い。

●二〇一〇年頃、人類は地球一・四個分を消費した。〇・四個分は残留汚染となる。

●二〇一三年、大気中の二酸化炭素濃度は四〇〇ｐｐｍを越え、年に二ｐｐｍ増加中。歴史は、二酸化炭素濃度四五〇ｐｐｍが、地球上に氷が存在できる限度と示唆。氷が消えたら海面が七〇メートル余り上昇しその状態は数万年も続く。既に時間の余裕はなく、今後の対策は、生命圏の劣化を如何に少なく抑え、続く世代に残すかの段階にある。IPCC温暖化防止会議は、今世紀末に気温が二・六℃～四・八℃上昇すると発表。繰り返し指摘したように、概略、気温一℃の上昇で海面は最終的に五メートル上昇する。二～三℃の上昇で北半球の氷が消滅し海面二五メートル上昇、四～五℃の上昇で地球上の氷が消滅し海面は七〇メートル余り上昇する。

●二〇二〇年、一九八〇年には充分だった同じ政策が、二〇二〇年では全くの不足になる。私たちが消費しているのは資源と伴に、時間と言える。

●二〇三〇年頃から、資源や汚染の壁が次々に現れ、色々な困難が押し寄せるだろう。地球の循環量という、持続可能な限度内に戻らない限り、対策が遅れるほど生活の質の劣化の度合いが高く、遅れるほど社会は崩壊に近づく。遅れるほど崩壊は瞬時にくる。

●生物は一億年毎に五回、絶滅に瀕した。今既に、六回目の絶滅期に入っている。

第五章　世界資源の関連

命の資源豊かな日本——水田は循環の知恵

日本は森の国と言われる程、みどりと水の資源が豊富にある。私はみどりの少ない世界を飛んで周り、豊かな四季に恵まれた日本に帰ってくるとホッとするのだった。

「日本は資源の無い国」と言われるが、命の最終的な資源は太陽と水とみどりと土だ。その生き残るための大切な資源が豊富な日本なのに、不思議な表現に思う。私は色々な国々を観て来たが、日本は命の資源の豊かな、世界でも数少ない国だった。

温暖化によって日本の気候が変わり、水やみどりがなくなることもあり得るが、基本的に、水とみどりの資源のある場所で、生命力の強い命が生き延びることになる。

私は物心ついて以来、きれいな水は何処にもありお金を払って飲むという感覚はなく、外国で水道の水の不味さと水は買って飲むものと知って驚いた。

世界の情報から判断すると、今後は石油不足より水不足の方が深刻になっていく。

石油は重宝であり大切な資源だが、命にとっては二次的であり、循環する資源ではないので、どのみち無くなってしまうものだ。人間社会が機能していれば、水の豊富な土地は今後、二二世紀に向けて産油国以上に、命にとって大切な地域になるだろう。それだけに水の争いが増える。

世界の深刻な水不足の現状を思うと、日本の豊富な水が、国境を越えて仕事をする企業の水ビジネスの利益の標的である可能性は高い。水ビジネスを許すなら、国外に持ち出す水に累進で高くなる料金を課し、大量の水の流出を防ぎ命の水を守る必要がある。

水の循環は天からの最大の無償の恵みだ。水田稲作はこの無償の恵みを最大限に利用する知恵の文化、水田は循環そのもの、水田があれば生きられる。

他国の人による土地の買占めの話を聞くが、水ビジネスのための土地の購入だとしても他国の生き残り政策が背後にあるかも知れない。問題になる前に策を講じる必要がある。外交の現実は冷徹なもの、生き残りの問題ともなれば最後は武力になる。

身体の三分の二は水であり一日に数リットルが排出される。それを補うのは綺麗な水しかない。水を飲まないで一週間もすれば血の循環が滞り、身体中に汚れが溜まって死ぬ。

水は命を守る最終的な資源であり、水を売り渡すのは命の切り売りと同じだ。

大河の水が河口まで辿り着かない程の水不足の状態にある国が増えてきたが、そのような国からの食料の輸出を日本はいつまで当てにするつもりだろう。

世界の都市化の問題——農業と工業の水競合

一般に穀物一トンの生産には一〇〇〇トンの水が必要と言われる。しかし工業生産にも冷却水と洗浄用の水が必要だ。一リットルの石油を使えば数十リットルの水を消費するので、農業と工業は水を介して競合関係にある。

水不足の国では、農業よりも付加価値の高い工業生産に水を使う方がより多くの外貨を得られるので、その様な国は地産地消の循環型文化を捨て、農業用の水と農地を工業生産に回す傾向にある。これも世界の農産物が減る原因になる。

水と農地を奪われた農村からは、難民ともいえる失業者が都会へ流れ、社会不安の原因となっていく。今世界で、都市人口が急激に増えているのは、この農村難民が大きな原因になっており、これが貧富の差の大きい国の都市化の特徴をなしている。農地を失くした人や都市で仕事のない人たちは、テロリスト組織に組み込まれる可能性すらある。

日本の大量の食料輸入には別の問題がある。食料は水とみどりの変化したものだから、水とみどり豊かな国が、水とみどりの乏しい国から、大量に食料を輸入するのは奇妙ではないか。相手の国の水と農地と低賃金労働を搾取し、自国の耕作地を減らし、農村を疲弊させ、その上に食料の自給率を減らすことにならないのだろうか。

自己中心か思い遣りのある国か、日本の在り方の基本に関する事だと思う。

なぜ輸入品は安いのか

輸入製品や農産物が安いのは、輸出国と輸入国で大きな格差があり労働力が極端に安く、輸送用の石油が安いからだ。石油が安いのは汚染の浄化費用を含まないからだ。

基本的に、輸入された安いものは極端に安い賃金で働いた人たちにより造られている。その人たちの賃金が少しでも上がると、仕事は賃金の安い別の国へ移っていく。

このように低賃金を固定化された国からの輸入は、公平な自由競争とは言えない。その構造は、輸出国の貧富の差と社会不安を固定化し、世界平和の犠牲の上に成り立っている。

私たちは輸入された安い製品や食べものを、値段だけを見て買ったり食べたりするが、その時には貧富の差の激しい国で、仕事があっても一日一～二ドルの低賃金で働いている日雇いの大人や子どもたちの存在に、心を馳せながら選びたい。

身の周りのブランド品や、美味しく食べている有名ブランドのお菓子の原料が、攫われてきた子どもの過酷な不法労働により栽培生産されている可能性は、かなり高い。

食料がどんな会社によりどのような方法で作られ、どのような経路で店頭に並んだか、そこまで考えることにより、世界との心の絆も芽生えてくると思う。

学校の教科に、この世界の現実を是非入れて欲しい。国際人になるには外国語の習得や貿易で利益を上げる方法だけではなく、世界との心の絆が是非必要だと思う。

物の移動は循環を短路する――地産地消と自由化の目的

物質の遠距離輸送は、輸出国の資源や土地の循環を縮小し、輸入国の循環をも破壊し、輸送エネルギー汚染を拡げる。食料輸入国の不耕地が増え、世界食料の総生産量も減る。「地産地消は循環を豊かにする」。地産地消は輸送が短い分、循環の輪を短路しないので土地の循環は豊かになり、エネルギー汚染も少なく済む。

貿易自由化の目的は、その国に「不足するものを補い合い分ち合う」のが、命が連帯して生きる基本ではないのか。不足していない物を安く売りつける競争が、消費者の幸せになるとは思えない。安いのは、過程の何処かに無理がある。

加えてお金という無機質な絆のやり取りは心の絆を薄くしてしまう。国の間で何か悶着が起きれば、心の絆の薄い輸入は直ぐに止まる。

自由化の基本は、循環を縮小させる物の移動ではなく、人の移動と居住の自由と考える。行き来が自由なら心も行き来する。親しい友の国は国が揉めても憎めない。国の壁が低ければ領有の意味も薄くなる。だが貧富の差は諸悪の根源、格差があると融和は難しい。続く世代に残したい故郷の美しい風景は、水とみどりと命豊かな、循環豊かな地産地消の土地のことのように思える。それは、命の故郷に他ならない。

私の移り住んだ今の土地は、水とみどり豊かな郷である。郷の名も麗らかだ。

社会のお金の循環

企業の利益は寡占のために再投資され、巨大設備の存続のためにますます巨大化の一途を辿るのだ。その一方、株式会社の責任は株主に負うとなると、生んだ利益は社会全体には回らずに、巨大企業の増殖と株主への配当など裕福な人たちの中で循環し、社会という体に栄養を送る血液である筈のお金が、社会全体には回らなくなってしまう。

政府は、世界企業の寡占競争に負けるからとの理由で、所得累進税率を大きく引き下げ、裕福な人たちの消費を増やそうとした。その結果、税の公平性が崩れ、貧から富へのお金の道筋が付いた。

今ひとつは、貨幣を電子化してお金の実体をなくし、一瞬にしてお金を増やせるようにした。だがこれは、労働の対価ではなく情報競争による搾取と言うか博打とでも言うか、増殖を求めて、日に数兆ドルものお金が、電子の世界を彷徨っている。

このように、世界経済の構造の巨大化と貧富の差をもたらす税制により、巨額のお金が世界にあるにも拘らず、お金が裕福な人たちの間で循環することになった。

社会構造の健康を取り戻すには、社会全体へのお金の流れの変革が必要だ。社会が健康を取り戻せば住み易い穏やかな明るい社会に変わるだろう。

貧富の差の少ない国の方が、裕福な人も住み心地がいいのは、世界を観ての実感だ。

Y

第六章　希望への道——若人による累進税の党

法律の改正

漠然と怖れていた生命環境の危機は、地球の温暖化をはじめ遂にすぐ近くに実態を現わしはじめた。欲望の倍々ゲームの成長の前に地球は小さすぎたのだ。改革を諦めたら続く世代の命たちはどうなるか。この社会構造を構築してきたのは私たち老人である。

巨大化してしまった経済構造が原因で地球の生命環境が破壊されているのに、この倍々成長ゲームを進めてきた私と同年代の人たちは老人になり、社会構造と身内や人脈のしがらみで法律を変えることも出来ず、身動きできない状態にある。

残留汚染や巨額の借金や年金医療を、若者たちに押し付けておき無責任で情けないが、危機を乗り越えるには、若人に改革を願うより他ないと思われる。自然との無謀な闘いに負けたことを老人は認め、次の世代を担う若人による税制の改革に希望を託したい。

改革は二つ、貧富の差の解消と、消費を地球の限界内に戻す道程を作ることの二点だ。貧富の差と環境破壊と平和は連鎖している。通常の手順を踏んでいたら現状が続いて対策は先延ばしになってしまう。法律を変えることで生き方の変更が誘導されるだろう。

まだ希望が残されているとしたら、税制を改正することによって、お金の流れを変えることの他にあるだろうか。民衆が生きる上に、税制は憲法と並んで最重要の法律だ。

幸い、民主主義には、内部での構造改革を期待できない時、外部から改革できる単純で現実的な方法がある。それは貧しい人も富豪も投票する場合は同じ一票であることだ。

若い人たちは、権力者のためにあるような旧い国境という幻想に幻滅していても、現在社会の中で、民主主義のシステムを活用してみる価値は大きい筈だ。

続く項に書くように、税制が変われば日本の環境や民衆の心は全く違ったものになる。税制を変えることで、不可能と考えられていたことも可能になる。

税制の改革ができれば無理な成長は抑えられ、貧富の差が小さくなれば個人所得も増え、公平感が生じれば連鎖的に心も穏やかになり、我欲も減り平和な日々に向かうだろう。

税制改革の恩恵は、貧富の差の解消と経済構造が無理に生み出した大量消費を減らし、地球の限界内に戻る道筋が定まることだ。小さくなった地球に皆が住むには、分ち合いが優先する。生命環境の危機を前に、個人の際限ない欲望の自由の世紀は過ぎ去った。

日本が世界に先立って税制改革を実行し、貧富の差を減らし、身動きならない大量消費の悪循環から脱出して、穏やかで平和な日本になるのを期待する。

消費を地球限界内に戻す路——逆累進循環税

環境危機の基本的原因は単純だ。危機を招いたのは循環しない資源や、循環に戻る期間の長い資源を消費したために、残留汚染が溜まったからだ。循環がキーワードだ。

地球の循環を破壊する仕事が環境を破壊するのだから、循環を豊かにすればするほど企業利益が増えるよう、逆累進で減税すれば汚染は急激に減るだろう。税制の改正で企業の仕事の方向を転換させる。特に巨大企業の減税意欲に期待したい。

一方、循環を害し残留汚染が発生するものには、高率累進で循環税を課せば、経済構造が無理に生み出した大量消費が減り、地球の限界内に戻る道筋ができる。

「循環」で凡の道筋を一本化する。「環境税」では個別の小路を増やし効果が薄められる。「循環税」というと今まで無償だったので、心理的に増税感覚もあるが、逆累進減税では循環を豊かにするほど無税に向かって利益が増えるのだ。

続く世代に降りかかる難関を前に、多くの若者たちが公平な一票という投票権を活用し、不公平感のある多くの人たちを結集して党を創り、逆累進と累進の循環税法案を通すことに期待する。累進税は利害関係の調整や改革の衝撃を和らげる有効な方策になるだろう。

この法案なら、地球の限界に戻る方向に消費の流れが一変する。続く世代の若者たちの幸せを願い、過ぎ逝く者は、この法案に全面的に協力する責任と義務があると考える。

貧富の差の解消

累進税が貧富の差の解消へのキーワードだ。貧富の差の弊害は裕福な国も同じである。米国は私が飛んで行くのが楽しみな、民主主義を奉ずる豊かで大らかな大国だった。ところが一九八〇年頃、所得の累進税を簡素化し最高税率を大きく下げて上に甘くしたら、貧富の差が一挙に拡がり、ホームレスの人たちが街にぞろぞろと現れ殺伐とした国に変容していったのを私は見た。貧富の差はあらゆる悪の発生源である。

日本でも、世界の風潮に遅れたら競争に負けるという政財界の主張で、何年かの遅れで上に甘く最高税率を下げたことで、国内に貧富の差が定着した。その結果、人心は荒廃し社会の安全度も低下し、騒がしい国に変わっていった。

そして今、日本はGDP大国の中で、貧富の差の大きい国順の殆ど最上位に在る。民主主義の平和な国とは、民衆に格差の少ない国のことではないのだろうか。大企業の給与を上げれば下も潤うと言うのは幻想だった。この幻想が貧富の差を更に広げた。

元をただせば、国内に貧富の差を招いたのは、七五%の累進税率を引き下げたからだ。引き下げた累進課税の最高税率を、最高裁長官や首相の所得が上限になる位にまで引き上げればいい。この改正で社会全体へのお金の循環が回復し、社会に公平感が復活する。

累進税への改革は悪の発生源である貧富の差を是正し、人の心を安定させるだろう。

累進税の党――発足への期待

幸せなことに民主主義には、社会の格差の改革や地球環境の危機への対策が必要となった時に、最も現実的で単純な方法がある。それは貧しい人も裕福な人も投票だけは公平に一票なので、その制度を活用できることだ。昔のように革命で血を流す必要はない。境遇や目標が同じであれば、票数さえ集めれば要求が通る。最初から諦めたり人任せにせずに投票すれば、意思を公平に政策に表すことができる。

長年を経て構築されてきた税制を含む社会構造は、その構造から利益を得る人たちによって動かされている。政治献金はその一例であり投票の公正さを侵害する。その人たちに内部から構造改革を求めるのは、現状維持への強烈な抵抗が働くので、現実的ではない。世界会議の成り行きを見てもそうだが、改革しようにも会議ともなれば、自分の方の益を少しでも多くして妥協しようとする人たちの思惑に影響されて、対策は先送りになる。未来よりも、現在の短期の権益や権力や利益の方が優先されてしまうのだ。

危機がせまっている場合、対策の先送りは困難を急激に増大させて致命的にする。その害を被るのは続く世代の人たちだ。何としても若人による外部からの改革が必要だ。

身の周りには、ワーキングプアとも言われる低賃金の多くの若者たちや、非正規雇用の人で溢れている。正規雇用の人たちもローンに苦しい日々にある。

貧富の差や生命環境の危機を前に、現状を安閑と眺めていたら、続く世代の若者たちは劣悪な社会生活と劣化した生命環境を背負って生きることになる。

既に現状は、他国の様子を見ながら国際会議の結果を待てる状況にはない。若人たちが明治維新の時のように率先して、日本だけでも対策を実行しなければならない事態にある。若い人たちが結束して、逆累進と高率累進税を公約に掲げる候補者を立て、不公平感を持つ圧倒的に多い人たちに呼びかけて票を集めれば、政権の座につくことは充分に可能だ。逆累進税の党はどうだろう、累進税の党でもいい。

「平成維新」は夢でない。若人たちが政権を担い、持続可能社会を志向する逆累進税と貧富の差を解消する累進税の法案を通すのが、巨大企業の節税への素早い反応も期待でき、改革への最短の路であり、利害関係の調整の上でも最も有効な方策になると考える。

憲法の定める「人間らしい生き方」が可能な収入を下限にそれ以上を高率累進税にして公平な社会にし、併せて循環を豊かにする高率の逆累進で減税すれば、持続可能な社会に戻る路筋が明確になり環境破壊も急激に減り、公平で平和な社会に向かうだろう。

日本の若人が率先し税制改革に取り組み、インターネットで世界の若者に訴えれば世界への広がりを期待できる。半世紀前、アメリカは一致団結して月に人間を送り込んだ。

地球の生命環境と平和と人類の今後を、高率累進と逆累進の税に希望を託したい。

競争ではない分ち合いの税制——分ち合う喜び

累進を基本に、単純な税制に一本化すれば公平さが分り易い。競争ではなく分ち合いの税制だ。広く薄い筈の消費税は高額所得の人に薄いが、日々必要な生活費の比率が大きい低所得の人には厚く、分ち合いではない。貧しい人もお金持ちも同額の寄付と同じだ。「分ち合う」、これには大きな希望がある。いずれの世界宗教も「分ち合え」、というのが基本の教えだから。世界人口の大多数を占める信者たちが、宗教の示す生き方を志向することに希望を持ちたい。

高額の所得を得て、累進課税で多額に支払ったお金が人や命の幸せに回る仕組みなら、「お金を儲けることが人を喜ばせ、自分の生きる喜びになる」だろう。よく働けば喜ばれ、人が喜べば自分の心も幸せになれる、神の示す平和な世界だ。

分ち合いの税制なら、お金から欲望と妬みが切り離されて、所得の多い人ほど妬まれる代わりに能力を賞賛され、命の幸せを基本にしたお金の在り方に代わるだろう。

税制の在り方によって、貪欲の心を生きる喜びに変え、命の大元のみどりの森と水を豊かにすることをも可能にする。

税の論議で聞く考えだが、税金が高くて手取りが少なければ、働く意欲や研究の意欲を削ぎ人間の知性は進歩しないという。しかし物が溢れる一方、その日の食べものに事欠く人たちが居るのに、低い税率で「正当に」得たお金だからと贅沢するのを躊躇しないなら、それは進歩でなく知性の劣化ではないか。他の命を喜ばせるのが知性のように思う。税制は憲法と同じく、心や知性の表現であり国の風格に大きく影響する。

法律に従っていれば正義とはいえない。法律は往々に力の強い人たちにより作られる。貧富の差の存在は、法律に従った人たちの行動の結果、生じたものだ。法律に従って得た利益は何に使おうと不正でないなら、それは法律に守られた不正であり罪ではないか。

殆ど働かない怠惰な人が居る反面、鋭い頭脳や不労所得で働かず大金を得る人もいる。その怠惰の心に差があるだろうか。消費の多い人の方が生きものとしての罪は深い。

貧富の差が広がり、年収数百億円の人も珍しくなくなった。そして、多額の年収は自分の能力による、と思っているようだ。

しかし、人は自分を選んで生まれたのではない。裕福に生まれるのもホームレスの境遇に生まれるのも偶然だ。鋭い能力に生まれた人は、能力の少ない人の役に立って欲しい。

税制の改革で、累進税で払ったお金が、多くの人の幸せのために使われたら素晴らしい。夫々の能力に応じて与えられた場所で、人や周りの命たちの幸せのために働き、喜び合い分ち合う社会であったら、何と素敵な世界だろう。

その世界は、税制の在り方で可能になると考える。

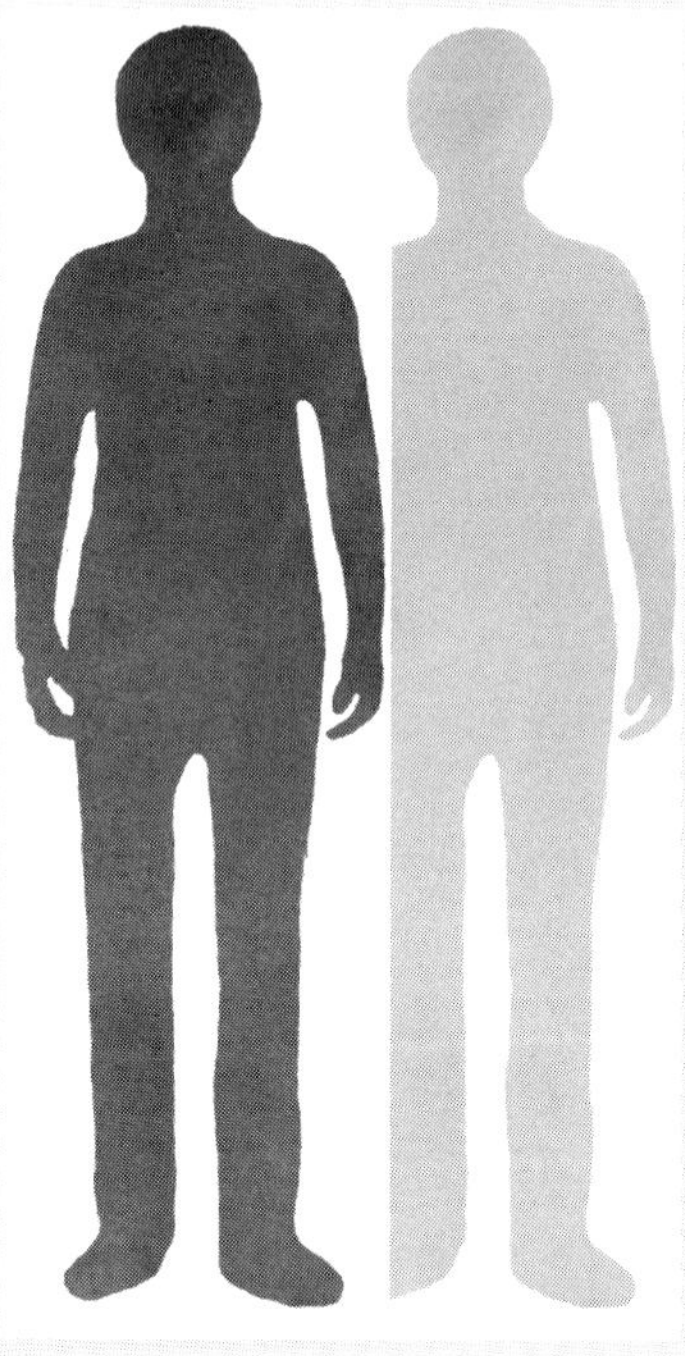

第七章　貧富の差は諸悪の根源

貧富の差は諸悪の発生源

世界の自由市場で経済成長を続けたこの半世紀、所謂途上国と先進国の間にあった南北格差や貧富の差の問題は、今では先進国の国内に転移蔓延し、世界中の若者たちの多くがワーキングプアに追いやられてしまった。

「ワーキングプア」というもの悲しい言葉は、自由市場が生んだ欲望の自由を肯定する、言い換えれば、貧富の差を肯定する法律の社会が生み出したものではないだろうか。

若者たちは、天文学的借金や年金や高齢者の医療の支払いと、劣化した生命環境と有害化合物や核廃物の管理を強制されて今後を生きていく。

敗戦後の三〜四〇年、日本は他国に比べて安全な場所だった。私はそのことを貧富の差の大きな外国を飛び回りながら強く感じていた。

その頃、日本の累進課税の最高税額は七五％だったので、貧富の差がそれ程大きくなく安全な国だったのだ。それに戦争の苦しみから解放されただけでも、人は幸せだった。

だがその日本も富裕層に甘くした累進税率の変更で、今はＧＤＰ大国中での貧富の差の大きい国の殆ど最高位に在る。人心も荒れて子どもの通学中の心配まで必要になった。

貧富の差の弊害は、人間社会の殆どの問題を網羅する。消費を煽る経済制度に加えて、上に甘い税の制度である限り、格差が生じ社会に敵意が育つ。

世界の競争に負けるとの理由での非正規雇用制度は、低賃金を固定化された国の日本版だ。基本的人権の生活には程遠い制度であり、採り入れた指導者の心を悲しく思う。

原子力発電所の現場には、所謂ワーキングプアの人たちが非正規雇用で派遣され、被曝の実態も分からない健康の犠牲の上に、私たちの電力消費が成り立っている。

貧富の差の大きい社会は、人心が荒廃し犯罪を呼び、安全管理対策の費用が増大する。これら安全対策の費用の増加により、福祉や教育や社会を整備し維持する費用が減らされ、幸せのための必要経費が削られていく。

その結果、殺人や社会への復讐という無差別の殺戮など、憎悪や猜疑や虚無の心が拡がって、人の絆が断ち切られ寂しさと孤独は自殺を呼び、親子や夫婦の間の心の絆が薄れ、道を歩く人の顔や、色々な窓口から微笑が消えていく。

世界の格差を眺めてみた。国連の資料によると、世界の総ＧＤＰは約七〇兆ドルであり世界人口は約七〇億人。世界の半分の約三五億人が一日に二ドル以下の生活をしている。

一日二ドルとしても年に約七〇〇ドル。三五億人への配分は、あまりの少なさに何度も計算し直したが、二五兆ドルではない。僅か二・五兆ドルだ。

残り三五億人が七〇兆ドルの約九五％を取得する。これで平和を求めて会議を開いても、満足する結論がでるとは思えない。格差をそのままに平和を望むのに無理がある。

この半世紀で、知性の崩壊を思わせるような貧富の差が拡がった。経済成長と世界人口の急激な増加が伴い、その格差は今も拡大の一途を辿っている。

貧富の差が大きいと別の問題も生じる。食料を移動させるとお金のある国に食料が集まってしまうのだ。多国間流通という要素が介入し、他国の農地を安く開発し安い労働力で食料を生産し、産出国で売るよりも高く買う国に輸出する。

この流通の構造から別の悲劇も起きてくる。余っている食料を輸出するならまだしも、飢餓の蔓延する国からでさえ、高く買う国へ食料が輸出されてしまったりする。

安い労賃に閉じ込められた人たちの、貧富の差への不満や食料不足はテロリスト組織の温床であり世界平和の不安定要因となっている。「南北問題」の原点である。

このように、食料の分配だけを考えても、食べものはお金のあるところに流れていく。飢えた人たちが多いのは、食料が足りないからではなく買うお金がないからだ。

買うお金がないのは働かないからではなく、いくら働いても日に一〜二ドルしか労賃を貰えない上に、労賃を上げて貰えないからだ。労賃が上がらないのは、他の国の人たちに働かされているのが大きな理由である。遠くは植民地政策以来、労賃の低い国が溢れているので、労賃は買い叩かれてしまうのだ。

こうして生産された物は裕福な国の消費者に渡っていくが、裕福な消費者は、貧しい国の低賃金労働者の顔や実態や生産過程を知らず、より安い方を求めてしまう。

したがって世界が成長しても、低賃金の立場はそのままに置かれ、貧困が固定化されてしまうのだ。この実状と生産過程を、消費者の思慮として学校教科に取り入れ、命と心の絆を世界に広げて欲しい。例え一〇ヵ国語が堪能でも、心の絆はつながらない。

貧富の差の大きな国々に飛ぶ機会が多かった私が見たうちで、最も滑稽に思えたのは、牢獄と同じような高い塀の中に銃を持つ私兵に守られ、裕福な人たちが集団で家を建てて住んでいる光景だった。「牢壁」の外には長閑な風景は皆無だ。在るのは眼を背けたくなるような人の姿と生活だった。貧富の差が犯罪を生むとしたら、貧富の差が犯罪そのものだ。

現代世界の宗教間の対立や紛争も、元を辿れば貧富の差に辿り着く。

空想と言われても、続く世代の幸せを本当に望むのなら、分ち合うという、人間の知性としての常識的な税制を含む経済構造に変革する他に、方法があるだろうか。

命の連帯を忘れた貧富の差は、命にたいする人類の諸悪の根源という他はない。

貧富の差と地球環境

地球環境の破壊には貧富の差が関係する。貧しい国が換金のために資源や農産物を富裕国に安く輸出せざるを得ず、その輸出物が富裕国の消費と汚染を拡大するのだ。

貧困のため環境を壊して売らなければ生きられない人が多い一方で、世界の田園地帯を開発し巨大ビルを建て、車や商品を並べ消費欲を煽り、環境を壊す裕福な人も多すぎる。

貧富の差と平和と環境には連鎖的に密接な関係がある。平和を望み、美しい地球環境を取り戻したいのなら、貧富の差を減らすのが最優先だ。

気の進まない書き方だが、地球環境の劣化につれて経済成長が減速した裕福な国々が、人件費の安い国に資本を投入し、欲望を煽り経済を成長させ、自国の経済成長の源動力に変えているように、私には見える。最も好ましくないのが貧富の差の誘発である。

これには環境破壊が伴うのだ。資源や人件費の安い国で製品を造らせたらどうなるか。テレビの画像でも分かるように、巨大ビルや大型工場が立ち並び車が道に溢れ、水の汚染と森の破壊を見る。加えて大気汚染が凄まじい。有害化合物の拡散を想像する。

これは発展ではなく国土の疲弊ではないか。途上国の環境に負荷をかけて利益を上げ、貧富の差を拡げ、自国の環境は守っている構造と言えないだろうか。

途上国の幸せな発展を願うなら、短期的な利益ではなく、先ずは平和で幸せな国になるよう、福祉と教育への投資を最優先にした方が、心の絆の互恵関係に発展するだろう。

世界では国家間の格差でテロリスト集団を生み、国内の格差で内乱になり、双方に兵器が売り込まれて生活環境が無残に破壊されていくのを、毎日のようにテレビで見る。

近代化時代の競争がもたらしたものには、資源の争奪と民族の支配や植民地化と併せて独立後に貧富の差が残された。そのために地球環境も大きく劣化したのだ。

社会主義の国が市場経済を取り入れた時、貧富の差の少ない穏やかで豊かな国になると期待した。しかし自由市場経済の欠点を増幅したような、貧富の差が更に大きく農村を疲弊させ、環境汚染の激しい国になっていった。今後、劣化していく地球環境の危機に際し大きな障害になるだろう。これは近代化の時、文化として根付いてきた「循環の思想」を離れ、そして軍を制御できなかった日本に似ている。

軍縮の議論のありふれた言い方だが、軍備は使わなければ無駄であり、使えば社会構造を破壊する。問題は、使わなくても経済成長のために、強力で高額な兵器へ置き換えられ、幸せに必要な費用を減らし国を疲弊させる。軍備はまさしく外部不経済に相当する。

他国の内乱に何兆ドルもの軍事費を使うより、命を基本に非難制裁応酬外交を洗練し、敵国の福祉などに軍備費を振り替えできれば、友好国が増え世界は平和になるだろう。

多くの命と数兆ドルを無駄にせず、環境対策に使えば美しい世界も取り戻せるだろう。

自分を選んで生まれたのではない――貧富の差への想い

能力のある人もそうでない人も、夫々の能力に応じ、自分の居る場所で、伴に他の命の幸せのために働き分ち合い喜び合えたら、生きていて何と素敵な世界だろう。貧富の差や地球環境や世界の揉め事を考える時、いつも想うのはこのことだ。

学生の時、初めての海外経験で、コルカタでのインドテニス選手権に招かれて行った折に凄まじい貧富の差を見た。ホテルでの朝、外の路上に人が冷たくなっていた。

飛行士になってからは、貧しい国々へ飛ぶ機会が多かった。そこには私が私であることの理不尽さが溢れていた。

私は自分を選んで生まれたのではなかった。最貧の人に生まれるのも私を嫌っている人や人間以外の生きものたちに生まれる、或は命には生まれなかった可能性も考えられる。私たちは皆、偶然に生を受けたのだ。勝れた才能もそうだ。

理解力、組織力、記憶力やＩＱの高い人などの、優れた才能に生まれた人たちがいる。そのような人は、与えられた才能を他の人や命の幸せのために役立てて欲しい。

皆夫々、偶然に与えられた生であり才能ならば、その才能は皆のもの。才能で得た富は分ち合って他の命のために使い、多くの命を喜ばせ、幸せを願って生きていく。

私の生まれた日本が世界に先駆けて、このような国の在り方を世界に示せたら何と素敵なことだろう。日本に生まれたことが大きな喜びになるだろう。

　私に凄い能力があったらなあ、とよく思う。そしたら多くの人たちを喜ばせるという、喜びに生きる日々を過ごせただろう。叶わぬ愚痴だ。

　しかし、そうでなくても与えられた能力一杯に他の命を喜ばせるために生きればいい。私の見つけた「青い小鳥」、ほかの命の喜ぶのを見るのが、こんなに嬉しいということを、早く青年の頃から知っておけば善かった。

　見方を変え、勝れた能力で得た富を自分の我欲や特定の組織だけに使ったらどうなるか。他の命との絆に基礎に置かない勝れた才能や知性や欲望は、凶器になる。それに、勝れた能力は、見栄や権力や名誉やお金の我欲と結びつき易いようにも思う。

　人には程度の差はあっても見栄がある。見栄は特に手強い相手だ。見栄はあらゆる我欲と伴に在る。追い出すことに私も生涯で時間と心のエネルギーを費やしたけど、心静かな心境にまでは達していない。

　世界を導く立場に居る人は余ほどの才能があったからだろう。けれど地球の生命の危機というのに世界は動かず、未だに争っていて一触即発の情勢にある。

　心理の本に、見栄の強い人の周囲は見栄を満足するためにある、と怖いことが書いてあった。才能を凶器としてではなく、続く世代に美しい地球を残すことに使って欲しい。

物の所有と幸せの原則

物質的な幸不幸には、簡単な原則がある。身の周りの人との間に貧富の差がなければ、物質的には平和でいられるし、心も穏やかでいられる。人に優しくもなれるのだ。

物がなければ不幸になるのなら、便利なものの無かった昔の人たちは皆不幸だったことになる。物のないのが不幸ではなく、物を持てば幸せでもなく、自分だけ或いは特定の人だけが物を持つと、心に争いごとが増えてみんなが不幸になる。

貧富の差の少ない国の特徴は心が和むこと。優しい心に出会える嬉しさがある。微笑みと身に沁みる親切は、旅の最高の「おもてなし」、生涯の旅路も同じに思う。

一方、貧富の差の大きい国を訪れる機会が多かった。そこでは常に不安で心が落ち着かず、豪華なホテルの外の貧困を前に、私が私であることに心が滅入る。

これは飛行士として飛んでいった先の色々な国を見たり、山に登りに行った時に、心にしみ込んだ経験でもある。

その現状と私の生活を比べて考えたことがある。私が贅沢であるかどうかの基準のことだ。思いついたのが、世界のGDPを世界の人口で割ってみることだった。

結果、赤ちゃんから老人までを入れた世界人口の頭割りGDPは、約一万ドルだった。年に一人約一〇〇万円だ。現在私は妻と二人なので年に約二〇〇万円になる。これを基準にして生活を考えたら、何をするにも贅沢に思えて恥ずかしい。

そして国連の報告書によると、一日二ドル未満の生活をしている人が世界人口の半分も居るとのことだ。世界の半分の貧しい人たちを想うと落ち着けない。

今ひとつ、所有と幸せの見方だが、人はある程度の物やお金を持ったら、それ以上お金や物を増やしても、増えた量に比例して幸せ感は増えないという感覚だ。

生きるために必要な物が揃うまでは、物欲の満足度は増えていくが、あるレベルに達すると、それ以上に物を増やしても満足感は減っていく。その減る度合いと持ち物の増える量には、交点がある筈だ。食事の満腹感を考えるといい。

これは私だけの考えではない。国連などの資料を調べている内に見つけたのだが、その交点は一人年一万四〇〇〇ドル位だったように記憶している。人の欲望のレベルと、贅沢や幸せを考える上にとても興味のある値だ。

私は八〇年の生涯で幸せそうな人にも会ったけれど、お金や物があるから幸せ、には見えなかった。裕福なのに常に不機嫌な顔付きの人も多く見た。この経験からも、ある程度以上のお金や物の裕福さは、心の裕福さとは関係がなさそうだ。

もし多くのお金や権力や地位を得ると、私はどう変わるだろう、とも考えた。ひと様を疑う心が生まれないだろうか。心配なのは孤独という、最も不幸な状態に陥る可能性だ。これは怖い。孤独の恐怖は財産が多いほど、権力欲が強いほど深くなるのかも知れない。

結局は、ある程度の持ち物が揃えば、それ以上は反対に、心が貧しくなるようだ。卑屈にさえならなければ、貧乏の方が物やお金に心を費やす時間が少なくて済むので、他の命を考える時間も増え、心が豊かになっていい、とは思う。しかし生きていく上に、いくら働いても物が少な過ぎると、物が多過ぎるのと同じく心が貧し孤独になってしまう。どうやら、有り過ぎても無さ過ぎても、心は貧するらしい。

今の世は、時間泥棒という幻想に追われて忙しい。心を亡くすと書くその字のように、富豪も貧乏も忙しければ心が貧する。世界を動かす人の忙しさは気の毒であり心配だ。

お金で成り立っている現在の社会では、お金がなければ盗むか強奪しなければ生きられない構造になっている。刑期を償い出所しても、同じ道を繰り返すしかない。裕福な人と違い、貧しい人がお金に困る場合には死活の問題になる。

物を買う時に何を基準に考えるだろうか。欲しいと考えていなかった物を広告で知り、欲望を刺激されて買わされる。このような環境に育った子どもたちは、物を持てば幸せになれるような幻想を心に刷り込まれながら、社会を動かす成人になっていくだろう。

衝動で買った物は、後になってみると絶対に必要なものは殆どない。使い勝手がよくないことが多く、物置に入れてしまえば存在さえも忘れ去る。必要な物を取り出そうと物置を捜せばガラクタの山に遮られて、何がどこにあるのかも分からない。

それでいて、買ったものは勿体ないのと可哀想なのとで、捨てることもままならない。

旅行先で買った物、少しでも想い出のあるものは尚更だ。子どもや孫が育った後に残した壊れた玩具や人形や古着などへの執着心まで捨てることの難しさを納戸で思い知る。

死んだ後には何も残っていないのが私の理想ではあるけれど、物を減らすのを先延ばしにしている内に、残された日々の方が減っていく。

残ったお金は例え少なくても同じだ。年収一〇〇万円に満たない人の福祉にでも渡るような特定の税制になっていれば、旅立ちを前に自分で困った人たちを捜さないで済む。

生きていて使えない多くの資産がある人は、死ぬ時さぞや面倒なことだろう、と余計なことまで頭に浮かぶ。旅立ちが近くなってみれば色々と、今まで考えもしなかったことが気になるものだ。

持ち物は少ない方が、凛とした日本の床の間のようにすっきりとしていて、心も幸せでいられると、つくづく思う。

幸せは、物質豊かな文明の中にないことは確かだ。

第八章　命は連帯している

私が、私に生まれたこと

私が私に生まれたのは、与えられた偶然によるものだ。私が猿に向かって人間の才能を威張っている姿を想像してみる。もし私がひと様よりも能力に勝れた点があって、ひと様を見下したら、これもやはり滑稽な姿だ。

与えられた私の命も、ほかの命に助けられ支えられて生きている。生物循環という命の連鎖の中で支え合って命は生きている。そして、生物ピラミッドの下部にいる特に小さな命の殆どは、命の掟に従って他の命に食べられるために生まれ、死んで逝く。

私は食事に向き合うときに、このことが常に気になる。私と同じ自我がありながら死んでくれた命が哀れで愛おしく、生物ピラミッドの頂点にいる私には、美味しいよりも他の命に死んで頂くほどの価値があるのか、という囁きに心が止まる。

私が日々の生活をできるのも、自然の恵み自然の循環の働きと、命たちに援けられて、それにひと様の働きが加わった結果の恩恵によるものだ。

この偶然に与えられた私の命や命が連帯していることや、循環の恵みを有り難く思うようになって、昔からこれで良いのだろうかと過ごしてきた、漠然としていた心の在り方が、少し明るくなった。求めることが判らないまま、私は多くの書を読んできたのだ。

子どもの頃、自由の権利と、大人も子どもも平等という風潮を子どもなりの解釈で生きてきた私に言われたのは、「生意気」「こまちゃくれ」だった。コマチャクレは方言であり何と訳していいのやら、しかし何だか微笑ましい気もする。

謙虚に、とも言われたけど、私は人も小鳥もリスも同じに大好きだったし、大人も私の思っている謙虚とは違って見えたりで、理解できないまま社会に出て苦労した。

子どもが自分だけで考えて、ほかの命を大切に考えるように自分を育てるのは難しい。テニスでも基本を外れて練習をしても、上達するのが難しいのと同じだ。

私が八〇歳にもなりこんなことを書いたのは、私が偶然に生まれたことや、生きものは循環の中で連帯して繁栄し、命を繋ぐのに真剣に祈る想いで性を交え、次の世代に希望を託して死んで逝くことを知り、それが生きていく上での基本と感じたからだ。

私がもし又、人間に生まれるようなことがあったら、私がこの基本と思っていることを子どもの教科に採用している、そんな学校に、次の親は私を入れて欲しい。

命は連帯している——最初の命から私まで

三八億年もの昔、たったひとつの命から現在の私まで、途絶えることなく繋がってきた多くの命たちを想う。私までの間にどのような命がいて、続く世代にどんな希望を託して死んで逝ったのか。祖父母や父母に育てられ、子や孫を育てた私の経験がそれを想わせる。近々分子に返る身として、私の命のルーツを知っておきたく調べてみたら、先祖さまは単細胞の菌だった。私の頭に入った命の話を、ややお伽噺ふうに書いてみる。

地球が出来て数億年経った海中に、同じものを複製する物質ができた。それを脂肪の膜が包み単細胞の菌が発生した。脂肪などの油は水中で丸くなる性質があるので包み込まれたのだろう。最初の命の誕生だ。単細胞は自分を複製しながら何億年も細々と生きた。

その中で光を合成して糖を作る菌が現れた。進化の始まりだ。光合成の際に廃物として酸素を出す。それで大気中に酸素が増えていった。約三〇億年も前のことだ。

すると今度は、大きさがその菌の百倍以上もある単細胞が現れて、光合成で糖を作る菌を細胞内に取り込んで養いはじめた。これは命の搾取の始まりなのか連帯なのか。取り込まれた菌は葉緑体になった。こうしてこの親単細胞は、植物の祖先となった。

大気中に増え始めた廃物の酸素は命には毒なのに、この危険な酸素を呼吸で取り入れ、他の菌から横取りした糖と酸素を結合させ、高い効率のエネルギーを作り、呼吸で二酸化炭素を排出する、別の新しい細菌が現れた。これは今までの数十倍もの高効率のエネルギー大革命であり、この廃物酸素の利用で命は大きく活性化された。

すると又、別の大きな単細胞が、この高エネルギーを作る菌を自分に取り込んで、そのエネルギーを利用しはじめた。この親単細胞は、動物の祖先となった。

植物は自分の体内の葉緑体がエネルギーを作ってくれるので、動かない存在になった。

動物は獲物を求め、他の菌から強奪した栄養を、呼吸によって酸素と結合しエネルギーを得て、二酸化炭素を出しながら、活発に動き回って生きる存在になった。

動植物の祖先の二種類の大きな単細胞は更に、自分の体内に核という籠を作って自己を複製するDNA物質を中に大切にしまい込んだ。この細胞の学術名を真核生物と言うのだそうだ。このような過程を経て命は複雑化していく。

時を経て、単細胞の真核生物たちは協力し、仕事を分担するようになり一緒になった。多細胞の始まりだ。これが現在の複雑で大型の生きものへの飛翔となった。一〇億年前のことである。同じ頃、命の生き残りに有利な方策として雌雄に分かれたらしい。ひとつの体の中でも、混ざり合った多様性のある細胞の方が、危機に強いのだろう。

当時は今とかなり違った環境にあった。地球の回転が速く一日が短かったので、一年は今より七〇日も多かった。一日は今の二〇時間くらいか。オゾン層は未だなく、生きものたちは紫外線を避けて海の中で過ごした。お月様は今よりずっと地球に近いところに居た。

命たちは環境の苛酷な変化に懸命に順応しながら生き抜いた。しかし六億年前までは、数十種の生きものしか居なかったらしい。それが約五億年昔のカンブリア紀に爆発的に一万種にも増えたことが、化石の中から発見されたのだ。

説は分かれるが、今見ている生きものたちの多様な種類の系統が、僅か一〇〇〇万年と言われる間に出揃ったと化石は語る。とにかく命のイメージが菌や藻ではなく、手や足のある、何となく身内に近い形になってきたのはこの頃だ。

オゾン層も厚くなったので、四億年前に植物が先ず、根を水に残した形で海から上がり、それに動物が続いた。植物は繁栄して地球を覆った。しかし三億年くらい前に地球規模の火山活動で、数百万年も寒さが続き、植物、動物たちの殆どが絶滅し、夫々石炭と石油になり、地下に眠っていたら、現代人たちに掘り出され燃やされることになった。

この命の流れをみると、生きものたちは協力し合い進化繁栄してきたのが分かる。夫々の命が持つ遺伝子の中に、連帯する本能があると思うと、私の周りの生きものたちの営みが愛おしくなってくる。

人類の祖先の哺乳類が現れたのは約二億年前、ねずみのような生きものだった。類人猿が現れたのは一五〇〇万年前だ。ねずみは類人猿に変化したのだ。類人猿が五〇〇万年前に二本足で歩きはじめて猿人になった。

現人類が現れたのは更に最近の二〇万年前だった。ネアンデルタール人は少し前に現れ、一〇数万年の間、現人類と時代を共にした。命の歴史お伽噺はこれまでにして……

私が「命は連帯している」という本能を知覚しえたのは、酸素ボンベに頼らずに登った八〇〇〇メートルの高所で、月に独り居るような寂しさの中、他の命を求めていた時だ。そして「なぜ高い山に登るのだろう」と考え、命には連帯し海の底から高い山まで、地球の隅々に散っていき、生命圏を広げようとする本能がある、という想いに辿り着いた。山を降りて多くの人間の中に帰って以来、私は人の絆と、他の命たちとの連帯のことをいつも考えるようになっていた。

私が出発前にこの登山に漠然と求めていたのは、命が本能として持っている、他の命との連帯の本能、命の絆への郷愁だったのだろう。これは確信に近い。

初めはこの登山に賛成していた妻が、出発が近くなって反対に回ってしまい苦しんだ。それでも押し切って行ったけれど、その後の私は一つひとつの命が、たったひとつの大切な自我のある命として見えるようになった。

かなり傲慢風に言えば、命への謙虚さとも言える心を、高い山から与えて頂いた、という気持ちでいる。

命に善いものは美しくみえる——命の幸せは循環の中にある

都会をはなれて野や山や水辺に遊び、花や樹々の緑や小川のせせらぎに出会うとホッとする。その秘密は、きれいな水や緑が命にとって善であり「命に善いものは美しくみえる」からだ、と私は思っている。

里村に終の棲家を求めて引っ越してから、既に一〇年が経った。都会の友人は、田舎に住んで何をして過ごしているのか、退屈ではないかと心配してくれる。

田舎と都会の違いは、命の大元の水とみどりや生きものたちの数や種類が、言い換えれば、循環の量が田舎に圧倒的に多いことだ。循環するものは美しい。

周りのどの生きものも、三八億年の昔のたったひとつの命に繋がっていることに想いを馳せながら、一つひとつの命の不思議な生態を観ていると、夫々が稀有の姿。これはもう、奇跡という他はない。古の兄弟姉妹の過ぎ越し方を想うと、見ていて飽きない。

友人の心配をよそに、周りの生きものたちの習性や神秘に触れ、森に遊び清水に出会い自然の恵みに心で謝し、幸せの日々で退屈する暇がない。

春の花や芽吹きや小鳥の雛の誕生が可愛く愛おしく見えるのは、私たち死ぬ身に代わり命が引き継がれていくことへの本能の喜びだった。

里山を歩き樹々のみどりに包まれ清水に行き会う幸せは、水とみどりが命の大元であり命を養ってくれているからだった。

野の花に、雑草といわれる草に、樹々のみどりに、そよぐ風の匂いに、四季の巡りに、舞い降りる雪の沈黙のリズムに、妻と私は自然が奏でる調べを想う。

流れいく雲、小川のせせらぎ、葉から滴る水滴の調べ、小鳥や虫の声、それらは循環のリズムであり命そのものだった。循環は命、命の恵み、命に善いものは美しい。

自然を見て、ただ美しいとしか言わなかった妻が、なぜ自然が美しく見えるのかを理解し始めたとき、私には妻の命が飛翔したかに見えた。

野に在る花を、生きているそのままの姿で愛でる心が日本にはある。花を摘んで持って帰るのは、命を無機質なものとして所有したい欲の心だ、という意味の文を私は読んだことがある。

自然とは循環の姿、循環という無償の恩恵に命は生かされている。その恩恵を私たちは美しく感じるように進化してきた。他の命もその筈だ。

豊かな循環の中に居るだけで、心を癒され幸せな気持ちになれるのはそのためだろう。

「命の幸せは、水とみどり、命ゆたかな循環の中にある」とつくづく思う。

循環の恵みが豊かな多くの命を育み、目に楽しみを心に喜びを与えてくれる。妻と私の命は喜びで満たされる。命に善いものは美しくみえる。

命の連帯と環境問題——幼児期に命を学ぶ

命は命の継承を願い続く世代に希望を託し、分解されて地球の循環に返り、次の存在に姿を変える。

私たちの身の周りに在る命は皆、何億年もの間営々と、数限りない命に引き継がれ希望を託されてきた夫々の姿だった。

生きものたちは生物循環の中で協力し、或るものは自分の命を他に与え命の繁栄と存続を願い先に逝く。私たちが、美味しいと言って食べているのはその命たちだ。

心がまだ幼い頃に、循環が与える無償の恵みと命の神秘を学ぶ機会があれば、食べられる命への感謝の気持ちも育つだろう。周りの命の幸せを願う気持ちになるだろう。

今も又道徳教育の必要性が言われているが、国会の中継で手本の態度を示して欲しい。道徳の基本は、他の命への思い遣りにあると考える。

循環の中での命の連帯を学ぶことが、そのまま道徳教育であり、自然の恵みへ感謝の心や環境を大切にする心を育むだろう。人の心を大切に幸せを願うようになるだろう。お金に対してではなく大切な命への、有難う、ご免なさい、お願いしますの心も言葉も行動も、自然に身につくと思われる。生きる基準がお金ではなく、心に戻ってくれるだろう。

私がしている同じことを、相手が私にしたらどう思うだろう。こんな簡単な思い遣りの心にも気がつかず、私は子どもの成長期を過ごしてしまった。

幼児期に、自然の循環と命の絆とその神秘さを学び、思春期を前に命の継承としての、性の大切さを学ぶのが、人が生きる上での最も重要な知恵だと思いたい。

幼稚園から小学校の卒業までに、この二つの命と性に特化した教科を組み込むことが望まれる。私がこの様な教育を受けていたら、もっと幸せで嬉しい日々を過ごせただろう。

これは今後、劣化していく生命環境の危機を生きる子どもたちへの、そのまま環境教育でもあり、生きる上での知恵となり技術となるだろう。

科学技術に力を入れるのであれば、併せて命の在り方という重要事項の教育が重要視されなければ、心のバランスが発達しないままになる。その子どもたちが大人になり、世界を動かす位置に生きて、世界との心の絆を危うくしないか心配になる。

近代化の時、心までが分業になりはじめ、心の総合としての命を学ぶ機会を少なくしたのではなかったか。日本古来の素晴らしい命の文化の、循環思想の復活に希望がある。

命を基礎に置かない科学技術は凶器となって地球の循環を破壊する。命に基礎を置かない知性や欲望は、他の命を不幸にするだけではなく生命圏をも崩壊に導くだろう。

他の命がより幸せになり喜んでくれることを願いながら生きていく。これは生きる喜びを得るための技術でもある、と今は思う。

旧い脳と新しい脳の狭間で——連帯の本能と愛と赦し

人間が宇宙の中で特別な存在と思わされ、そのことをよく考えないで私は生きてきた。神さまも特に人の祈りに耳を傾け、幸せに配慮して下さっている、という風に。

旧い脳が殆どを占める他の生きものよりも、新しく進化した大きな脳を持つ人類の方が高等な存在だと多くは言う。

しかし、人類は脳を大きくすることによって、生命体として進化しているのだろうか。生命は旧い方の脳にある本能で生きて私たちに命を引き継いできた。

生まれてまだ二〇万年、他の生きものより進化した筈の人類が、数十億年を生き抜いた他の多くの命を差し置いて、生命圏の危機を招いているのはどうしてだろう。

妻がアルツハイマーの病に侵されたこともあり、私は脳のことを考える時間が多くなった。それに伴い、気になっていた本能や愛や赦しと、脳の関係を想うようになった。

全生命が最初のひとつの命から分かれて繁栄してきたのなら、夫々の命は同じ身内意識の本能を転写継承しながら少しずつ増えて、生きる場所を求め、散っていった先の環境に順応するために色々な種に別れ、地球の隅々に広がって行ったと考えられる。

夫々の命が持つ旧い脳に、身内として連帯する本能があると考えるとき、自然界に観る生きものたちの営みに、私は命の絆を感じとる。

ところが現在に至り、人間の脳の解剖図を眺めていると、人間に新しく発達した大きな脳が旧い脳を包み込んで、旧い脳にある本能を支配下に置こうとしているかに見える。

そのために新旧の脳が衝突して、心と本能が分裂状態になり、心や体の病を発生させ、人類は多くの苦しみを抱えることになったとも思えてくる。人類の命の特性のひとつは、旧い脳にある「連帯の本能」が、無機質を好む新しい脳によって疎外されたこと、とは言えないだろうか。他の命をこんなに傷めるのは、そのためかも知れない。

他の命との連帯から遠去かれば、人間同士の絆も薄くなって孤独という実存の寂しさが心に湧く。この寂しさのことを、宗教では原罪というのだろうか。

寂しければ、消えかかった本能が疼き、「連帯への郷愁の心」となって、命の絆を取り戻そうと悩む。その心が人間の言う「愛」なのかも知れない。

けれども新しい脳が寂しくなって考えた「愛の心」は、本能ではないから相手の脳には簡単に通じない。そのため「赦し」という心の在り方が、併せて必要になったのだろう。

連帯の本能が薄まったために、利己の欲が大きくなり、お金を介して新しい脳が無限の欲望を求めはじめた結果、人類は他の命を路連れに、命の継続すら危うくなってきた。

新しい脳が、知性や命にとって善い方に進化してきたのなら、他の命たちとの絆は当然のこととしても、人類の命の絆はもっと強くなっている筈ではなかったのか。

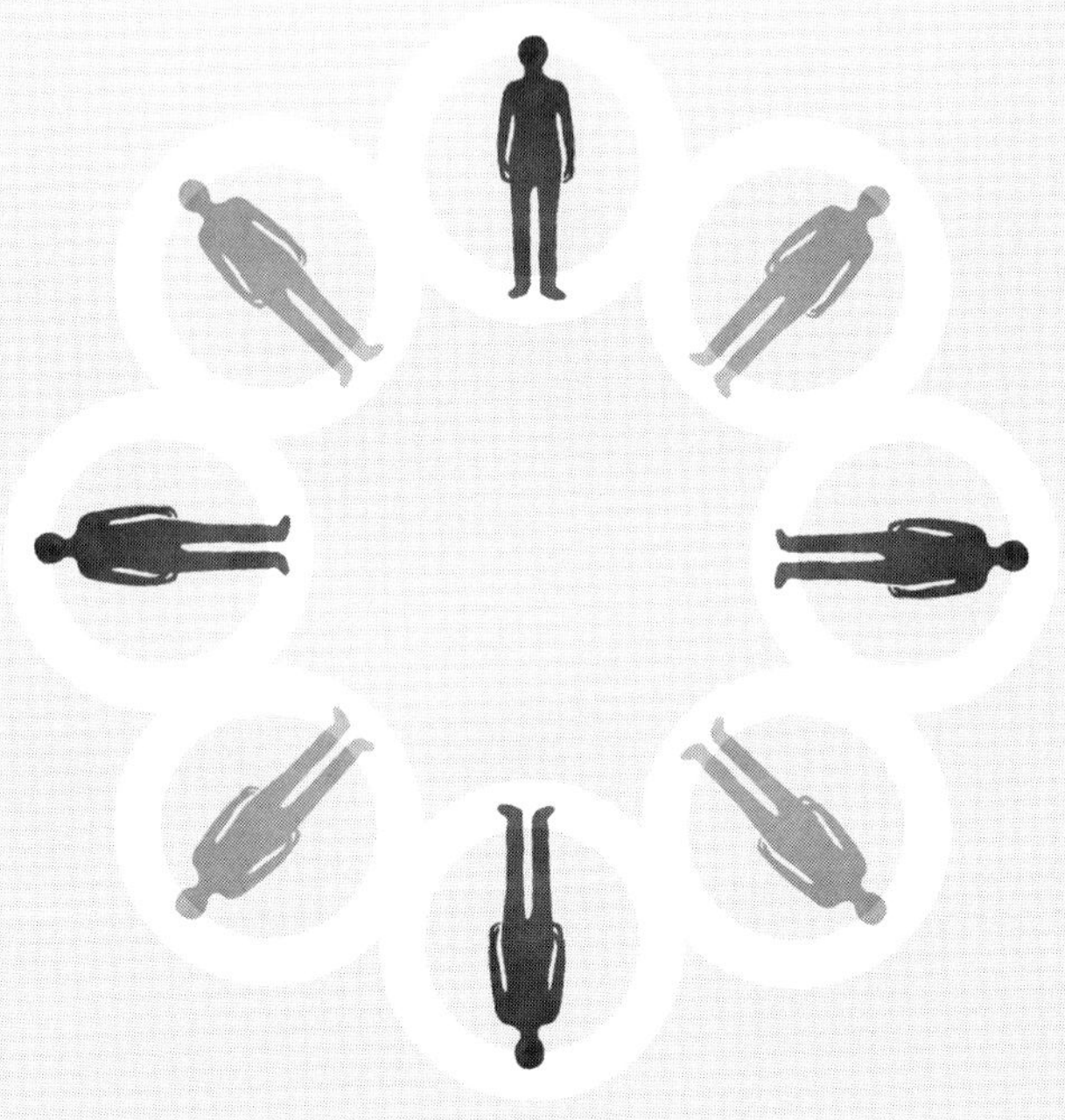

第九章　私の宇宙観

循環する大宇宙――ウズと命

行く雲や川の流れ、沈みゆく夕陽、移り変わる四季、樹々の葉は自分を落とし次の世代へ命と希望を託す。在るものはみな変容しながら宇宙を巡る。

私も生きものたちも星たちも、同じく生まれそして死ぬ。宇宙の循環の流れの変容する変わり目が、生であり死なのかも知れない。宇宙の凡ての存在は形を変えながら、循環という無窮の旅を続けているのだろうか。

それらを、続く世代に希望を託して去って逝く道程として観たとき、土も草も虫も樹も森も石も岩も山も、はては月も星たちも空も、なんだか訳の解らない宇宙までもが、同じ素粒子のウズから成る命の仲間に思えて、愛おしくなる。

里村に住んで、私たち夫婦は里山や渓谷を歩き、小川のせせらぎや周りの多くの命との出会いを楽しむ。家に居れば、庭の樹々や遊びに来る生きものたちを見ていることに喜びを感じる。妻とふたりに残された、大切な時の過ごし方だ。

周りを見ればみな、夫々の時が満ちれば死んで逝く命たち。生きものは少しでも長く、懸命に生き永らえようようとし、最後には従容として死を受け入れ、切ない希望を後の命に託し、永い循環への旅にでる。

大昔から無限に湧いてきた命の中で、たったひとつ命がこの地球から消えても何ということもない。地球や太陽が消えても、宇宙は静かなままらしい。

けれども自我の観念として宇宙を眺めると、私が消えたら全宇宙が消えてなくなるのと同じ感覚だけに底知れない怖さがある。

宇宙の歴史の中で、たった一回の数十年の私の命。生まれなければ知らなかった筈の、生きる喜びや悲しみや寂しさと、そして死の恐怖がある。命とは何なのだろう。

私は子どもの頃から、小川のせせらぎに行き会うと水辺に降りて、流れを見ているのが好きだった。今もそうだ。

水の流れが岩を乗り越えたり迂回する場に「ウズ」ができる。そのウズは姿を変えないで同じ所に在って、流れて行かない。不思議に思い石を拾ってウズに投げてみる。すると、ウズは一瞬流れて消えるけれど、又直ぐ元の位置に現れるのだった。

ものの本によると、数ヵ月から一年もすれば私の身体は全部、細胞の劣化から逃れるために新しい細胞に置き換わるそうだ。今の私は一年前の私とは別人なのか。もしそうなら、もっと心の澄んだ脳細胞に入れ替わってくれたら嬉しいのだが。

　身体が全部入れ替わったのに私という、心だけは変わらない自我はそこに残っている。流れの中に留まって見えるウズと自我に如何ほどの違いがあるのだろう。命の正体はこのウズのようなものなのか。

　命は蝋燭の火のようなものと書かれた素敵な描写にも出会ったけれど、ウズ巻きの方が宇宙の流れの中に居る感覚として私は好きだ。

　ウズの形として命をみると、細胞でさえも体を通り過ぎる流れなら、生や死には始まりも終わりもなく、流れの中で無限の素粒子が一瞬澱みウズ巻いた姿なのだろう。

　宇宙を、ウズと循環という概念を通して見上げると、宇宙全体がひとつの有機体のような気持ちになって、心が宇宙に広がっていく。

　電子のウズの原子の小宇宙から、夜空に広がる大宇宙までがウズの集まりで成り、大小のウズ同士が全体で繋がり調和し、循環している広がりの宇宙を、心に見る。

　宇宙の循環には序列があって、人間の体を例に考えると、素粒子のウズが集まり原子になり、原子のウズが集まり分子となって細胞になり、細胞は循環する血を介して連なり、多細胞のウズの集まりの人体となって、ひとつの小宇宙として循環している。

　その体は他の命を食べ、出した排泄物を次に待つ命が食べるという、命の連鎖の絆で、人は生物の循環に繋がっている。

この連鎖の絆を思いながら周りの命たちを観ていると、生きものの殆どは、生きているうちに、他の命に体を与えるために生まれてくる、と考えた方が宇宙の理としては自然な気がする。なぜ人は、人を焼いて命の連鎖を断ち切るのだろう。

私たち小さな循環は、ひとつ上の序列の生物循環の輪の中でしか生きられず、生物循環も一段上の地球の循環の中でのみ存在できる。

地球も又、太陽という星の循環に属している。星は無限の素粒子が宇宙の大循環の中でウズになり凝結したものだ。更にその星が寄り合いウズ巻いているのが銀河である。この星たちも宇宙の大循環の中に生まれ、死んで宇宙に拡散し、別の存在に変容していく。

私たちは、血液などの小循環を介して生物循環から地球の循環へ、そして宇宙の大循環に繋がっており、宇宙との絆を離れては生きられないのだった。

壮大な宇宙の中で、ウズ巻いて現われては消えていく星や銀河も、小さなウズの私たちも同じウズ。宇宙の中で大きさは違っても、素粒子が集まったウズの形の同じ命であり、宇宙の大循環の中に生まれた同じ宇宙の子どもたちだ。

私たちも住む地球も星も、時が満ちれば死んで宇宙の循環に戻り別の存在に変容する。私も星たちも、無限の素粒子の流れに乗っての、悠久の旅の途上にあるのだろう。

循環から考えると、この宇宙も更に大きな循環の中のひとつ、ということも考えられる。

或はブラックホールに吸い込まれ、又別の秩序に変わるのだろうか。無数の超新星の爆発と同じく、無数の宇宙が在るのかも知れない。

私は、この宇宙の大循環の中の、大小のウズの形が星であり地球であり命、という感覚が好きだ。四季折々の中、私を囲む宇宙との一体感に浸れるからだ。

可愛らしい小鳥や森や小川の循環に囲まれた里村に日々を過ごしていると、心臓の脈動を介し、実体として、私の体がそのまま宇宙の循環に繋がっているのを知覚する。

四季の繰り返しという循環の日々を生きていると、先を思い煩うこともない気持ちになる。巡り来る四季は同じだが、だからこそ一字一句読み返す度に、本を書いた人の新しい心を見出す喜びのように、宇宙との一体感が歳ごとに深まっていく嬉しさがある。

昔から宗教家や賢人たちが、物やお金や心への執着を戒めてきたのは、瞑想と直感から宇宙の大循環の理を悟ったからではないだろうか。そしてこの宇宙の理を神として、夫々の宗教を編み出したのではなかったか。

宇宙には循環し膨張し拡散し、収縮する力の法則があり、重力や電磁力や核力など数種の強弱の力が調和し、ミクロからマクロ宇宙まで、無限に存在する素粒子一つひとつに、普遍的平等に作用しているらしい。この宇宙の力の法則の総称を、「神」という言葉に置きかえてみるのが、私には最も素直な感覚である。

神が人間に示し続けてきた掟は、貪欲や執着を棄てて、人やほかの命と連帯し、ウズの一員として宇宙の循環の秩序に戻って生きること、と私には思える。

私はこの宇宙の循環との絆に生きる喜びを感じるようになり、世界中の先住民の残した生きるための叡智や、昔の人たちが残した民謡や踊りや御伽噺や俳句や和歌や絵画などの文化の根底にある循環の心を、少し理解できそうな気持ちになれたのを嬉しく思う。

人類は、神を敬いながら神に背いてきた。現代人が、宗教家や賢人を崇拝しながらその生き方を取り入れないなら、崇拝の対象は偶像になる。それは宇宙の理を軽視し、幻想化した神の偶像に、罪の肩代わりをさせるようなものではないのか。

世界の殆どの人たちは宗教団体に属していて、社会的に無宗教の人たちの方がはるかに少ないようだ。もし宗教団体に属している多くの人たちが本当に神を信じているのなら、人類は平和で幸せな生きものになっている筈だと私には思えてならない。

それは又、今からでも、神の示す掟に立ち返るという、大きな希望が残されているともいえる。

実体を現わし始めた生命環境の危機を前に、私は釈迦が座って輪廻を説く姿や、砂漠の民が神の愛から遠のき偶像崇拝に陥って、神の罰を受ける旧約聖書の場面を想い出す。

星空と家の灯り

私が今座っているこの場所で、人類の曙の頃、私と同じようにこの山々や星空を眺めていた人たちのことを想う。どんなことを考えていたのだろう。どんな夢を描きどんな希望を後世に託したのだろう。そして私たちはどんな地球を残して逝くのだろう。

火を知ってからは焚き火を囲んで夜を過ごしたことだろう。周りは真の闇、ホタルはいただろうか。見えるのは月か空一面の星たちばかり。そろって不思議な夜空を見上げている姿を想像する。話題は無限の神秘にみちた美しい夜空だったのか。

宇宙の不思議さを想う時間が多ければ、想像は夢の中での幻想に変わり、恐らくそれを天のお告げと信じたことだろう。神話もそのようにして発生したのかも知れない。

火を飼いならし灯火の元で暮らすようになっても、夜空は依然として美しく地球を回り、人々の想像を掻き立ててきた筈だ。

その頃の人が如何に多くの時間、星を眺めて過ごしたかは、望遠鏡もなかったのに星の動きに驚くほどの知識があったことでも想像できる。

そして人類は、終に電灯と蒸気機関を発明してしまった。それからの人類はもう、時間泥棒という不思議な幻想に追い廻される日々、現在に至っては、夜空を眺めるのは余ほど時間と心に余裕のある人か、それを仕事にする人だけになっていった。

私たち現代人が夜空を眺めなくなり、宇宙や地球のことを考えなくなったのは、忙しいことにもよるが、現代の家の造りにあると思う。

夜になれば街路灯が点き、部屋も電灯を点けてブラインドを下ろしてしまえば、夜空や宇宙と人との絆は絶たれてしまう。

私は、他の惑星に置き去られたようなヒマラヤの高い山の、生きものも皆無の氷の中で星空を眺め、寂しさに耐え命の孤独を味わった。

その孤独の中、みどりの樹々や草花や小鳥たちを求めている私の心を見つめていたら、命には連帯して生きる本能がある、と知覚したのだ。知覚できたのは昔の命たちの世界と同じく、夜が真の闇だったからだ。

飛行士が職業だった私の幸せは、夜空を眺める時間が多くあったことだ。それは朝到着して仕事をしたり遊びたい人たちを乗せて飛ぶので、長時間の夜間飛行になる機会が多かったからだ。

自動操縦で飛んでいると、夜空も動かず音速に近く飛んでいる感覚もない。偶に流れ星が夜空を貫くほかは、真っ暗な空間にぽつんと静止している孤独な静寂だけがある。

星を眺めている私の心は、太古の生きものたちが見ていた世界に帰っていく。

宇宙の広さ――私の感覚

夜間飛行の操縦席の窓から見えるのは、夜空一杯の宇宙だ。私がこの宇宙の広さを想うとき、いつの間にか暗記してしまった数がある。

飛行機を降りて里村に引っ越してからも、周りは暗く夜空を観る機会も多いので、私はその数値を思い出しながら星たちを眺め、心を宇宙に彷徨わせる。

妻にもこの数値を覚えさせ、一緒に妻の心を宇宙に遊ばせようと思うのだが、アルツの病のために、宇宙の立体化がうまくいかないのが可哀想だ。

私はこの簡単な数値を覚えたことで、夜空に張り付いて見える星たちの奥行きや、宇宙の果てまでの空間が頭の中に広がり、夜空を見上げる度に宇宙家族の気持ちになれる気がしてとても嬉しい。参考になればと思い、書いておきたい。

覚え易いように、数値は五と一〇の単位に単純化してある。数字に「約」も付けない。大雑把過ぎて、違和感があるとは思うが、光の速さで広がる宇宙を頭に描くには、相当な誤差があっても感覚としては充分だ。

数値は、時速一〇億キロメートルの、光の速さで行ったときの時間である。

先ずは太陽系。月まで一秒、太陽までは一〇分、今見えているのは一〇分前の太陽だ。惑星の数は一〇個あり、惑星の間は三〇分。太陽系は、端まで五〇億キロメートルだから光の速さで半径五時間の広さである。次に、星と星の間は急に遠くなり五年もかかる。私はこの太陽系の端までが身内の気分だ。と言うのは、太陽系の端までは唯の五時間の近さだが、一番近い隣の星までさえ、光の速さの乗り物で行って、五年もかかってしまうからだ。

夜空の無数の星たちの中で一番近い星が、五年も前の姿と思いながら夜空を見上げていると、心も思想も愛憎も、私が今まで生きてきたことでさえ、凡ての意味が蒸発というか昇華というか、心が形を変えて宇宙の中に吸い込まれていく想いがする。

太陽や私たちは、宇宙の中で何と孤独な存在なのだろう。広がる宇宙空間に、太陽系が孤独にポツンと浮いている寂しげな光景が眼に浮ぶ。

このように考えると、「宇宙」という言葉は、地球の重力圏の外側ではなく、少なくとも太陽の重力圏の外側を指すくらいが適当なように思えてくる。

この太陽のような孤独な星が、ウズ状に一〇〇〇億個も集まったのが銀河であり、更に、隣の銀河まで光の速さで走って、一〇〇万年！もかかる。夫々の銀河も、宇宙では孤独な存在なのだ。その銀河の間もじりじりと広がっているらしい。

次の銀河まで「懸命に走っている光さん」に、私は何か親しみさえ感じる。人間が速いと思っている光も、宇宙の中では何だか遅すぎるからだ。

そして宇宙には一〇〇〇億個もの銀河があり、宇宙の端まで一五〇億年の光の旅である。

その端の先にも次元の違った世界があるのかも知れない。

想いを太陽系に戻すと、地球も太陽の周りを時速一〇万キロメートルの、物凄い速さで飛んでいるが、飛行機と同じように、ただ空に浮かんでいる感覚である。

私たちはその地球に乗せてもらい太陽を回る。一周一〇億キロメートルを一年の旅だ。一周回る間に、地球の傾きのお陰で四季が巡ってくる。四季は、生きものに生まれた私に大きな喜びを与えてくれる。暑い寒いと言わず、在りのままを謝して受けとめよう。

近々、私は土に返りたいのに好きではない火葬にされて分子に戻り、永い旅に出るが、しばらくは地球と伴にいる。

地球や宇宙の科学によれば、数億年後には現在と反対に地球の空気は炭素不足になり、私たち光合成による生物は居なくなる運命にあるという。

その後も地球は太陽の周りを回り続け、五〇億年の後には巨大化した太陽に包まれてしまうらしい。そうなると地球は蒸発し、私の分子も地球と伴に宇宙のガスになって、広い宇宙へ新たな「悠久の旅」にでる。どんな世界が待っているのだろう。

太陽などの星たちも、私たちと同じように生まれ成長し歳をとって死んで移ろい、また形を変えて循環していく。この過程を考えると、星も地球の命も人間も、宇宙では特別な存在ではなく、宇宙に普遍的に存在する小さな素粒子の集まった色々な姿であり、ビッグバンから生まれた同じ宇宙家族である。

宇宙に無限に在る素粒子は、別の存在に移ろい変わりながら循環している。そうならば宇宙の中の存在はみな平等であり、人間の考える善も悪も人類の幸せ不幸せも、私が生きそして死ぬのも、宇宙の移ろいの過程では必然であり、適当な言葉が見つからないけど、宇宙の大循環の中でのゆらぎ、とでも言えるかも知れない。

人間は生存圏の広がりを求めて、ささやかながら光速で一秒の月に行って帰るまでになった。それまで、夜空や宇宙は知性の好奇心を育む無限の夢の世界だった。

だがその夢は、地球周辺の開発の欲望に変わり、ゴミの層になり地球を取り巻き始めた。そのゴミに取り囲まれて、人類は地球に閉じ込められてしまうのだろうか。

科学技術が発達するにしたがい夜空を観なくなり、反対に宇宙への夢が薄れ、人類の心は小さな地球の、更には個人用のコンピューターゲームを相手に、夜空だけではなく人間との連帯も他の命も疎外し、独りの心の殻に閉じこもり始めたように思えてくる。

人類の誇る発達した新しい脳は無機的なものへの指向が強く、命が生き延びるための、旧い脳にある本能を薄れさせているように思える。それは進化というより、宇宙が変容していく過程なのだろう。

死後の空想

ベランダで、夕陽が沈むのを見ているのは、心を少し寂しくする。それは子どもの頃、母親の姿が遠くに見えなくなっていく記憶が、心にあるからかも知れない。

夕陽が南アルプスの山の端にかかると今日も一日が過ぎ、巨大な地球が一回転したという気持ちになる。地球が回っているとはとても感じられない天動説の世界だ。

私は産声を上げて以来、地球に乗せてもらって、すでにお陽さまの周りを八〇回も周ってしまった。あと何回か周ったら、私は人間の形にお別れしてミクロ分子になるが、私の分子は、色々な別の存在の一部になって地球と一緒に残る。

ここまでは、近々私の身に確実に起こる事だ。私の死後バラバラになった分子がどんな存在の一部になるのか、死ぬ怖さに加え漠然とした涅槃とでもいうような気持ちが湧く。思うのだが、人は他の命を頂いて生きてきたのだから、死んだら次に待つ生きものたちに体を与えるのが循環の理であり、他の命への義務であり、命の掟ではないのだろうか。人はなぜ、人を燃やすのだろう。釈迦は多分、燃やすことを奨めないと思う。

生まれる前のことは何故か怖くないのだから、死んだ先のことが不安になるというのは考えると妙な気がする。宇宙の理に従容として委ねる心境に、早く落ち着きたいと思う。死んで見たら、今までの疑問が一挙に全部解るという、ふざけた楽しみもないではない。

もし生まれ変われるとしたら、人間に生まれ変るのは素敵なことなのか、という想いも強くある。他の存在へ生まれ変る方が空想としても楽しいけれど、私の人間としての経験に空想が影響され、悩み多かった筈の人間の世界に惹かれてしまうのだ。

生まれ変わるときに、人間を選ばなかったらどうなるだろう。私の大切だった人や私を楽しませ慰めてくれた存在と別れ、或いは懸命に幸せを願っても、私を憎み続けた人との和解のないまま人間を去るとしたら、心残りがする。

私が激しすぎて、子どもたちを上手に愛して上げられなかった事も、大きな心残りだ。もし人間に生まれ変ったらもう一度、同じ親子になりたいけど、喜ぶだろうか。

寂しがっていた人を残してほかの世界に行くのも、後ろ髪を強く惹かれることになると思う。嬉しい時よりも、寂しい時に寄り添って居て上げたかったから。

けれども人間に生まれ変るのなら、幸せを願い合う心と、言葉がそのまま通じる世界であって欲しい。手を携え励まし合って生きたかった人の、心の壁が厚くなっていった辛い経験があるからだ。

ひとは一度、聞くまいと心を閉ざしたら、何をどう言おうと否定するようになる。通常の人間関係もそうだが、例えば恋をしている間は何でも肯定し優しかったのに、恋が冷めたら意地悪にさえなる。恋が愛に変わるには、その反対でなければならないのに。

信者が善い方に解釈するのは当然だろうけど、宗教の経典の解釈の文章は実に美しい。

相手の心や言葉を、善い方にとるか悪い方にとるか、公平さや自分のズルさについて人は心の訓練をしたがらないように思える。

この書き方には批判もあると思うが、私には心が通じる世界への憧れが強い。人は所詮孤独なものとも言うが、言葉が通じないのなら、本能だけの方が私には幸せな気がする。

私には心で棄てられた経験も多くあるが、私を棄てず大切に親切にしてくれた人に出会えた喜びがある。少しでも時間を費やし合った人を捨てるには、人生は短すぎる。

欲張るようだけれど、生まれ変わる世界には、人の心への感性を亡くすような忙しさや憎しみや貧富の差のないことが、心からの願いである。

それにも増して、人や命の絆に程遠いのは、無関心かも知れない。憎しみはまだ相手に関心があるから、相手が死ぬような困難にあれば援けることもある。それをきっかけに、憎しみが愛に替わることもある。恩讐を超えた心に出会えるのは、何と素敵なことか。だが、無関心や無視にはその可能性は無い。貧富の差は、無関心が生み出した現実の姿ではないだろうか。社会のあらゆる悪の根源に貧富の差があるように私は思う。

死後の空想を書いていたら現世の世迷いごとに「生まれ帰って」しまった。昔の人も、私と同じような空想をして現世に心が残り、それが怪談の筋書きになったのだろうか。

人間の知性が宇宙の中で、最高の存在だという無意識の意識があるためだろうか、宗教の経典の中心には人間が在り、ほかの命の存在を意識した文章が少ないように思う。

知能の発達を人類だけの優越した進化と捉えたままでは、凡ての命が連帯しているという他の命を想う心が薄れ、人間は他の多くの命の絆に囲まれ、援けられていながらそれを悟らず、孤独の寂しさから抜け出ることは難しいのではないだろうか。

私は命の連帯の中で、人間以外の命たちの死を想う。私に食べられた生きものたちや、私のせいで死んだ小鳥や猫や犬や樹や、知らずに踏んだ多くの命もある。私のせいで不幸になった人、或は死んだ人は居なかっただろうか。怖ろしい想像だ。

この広大な宇宙には、まだ知られていない上の次元が何階層も在るというから、人間が一段上の次元にいけば、死は新しい未来への幕開けになるかも知れない。

ともあれ、永遠の命に生きるという世界が在るならそれも素敵だ。しかしそうでなくても、人智を超えた力が宇宙を創り変容させているのなら、その一部の私は、宇宙の循環の理の移ろいに心と体を委ね切っておけばいい、と思うようにしている。

そして最後に、この世に生を受け偶然出会って半世紀以上を一緒に過ごした妻のこと、永い旅立ちを前に定まってきた心は、自分より相手を大切に思う、ということだった。

自分のことは相手が大切に思ってくれるので、それでいい。

原稿を書き終えるに際して

想えば、この最後の項を書くために、原稿を書き続けたような気もする。私は既に、続く世代の命への想いを、『永い旅立ちへの日々』に書いていた。そして残された日々を、妻と生きた生涯の仕上げに専念しようと思っていた。

当本への書評は好意的で有り難く、本当に驚いたことに、日本図書館協会の選定図書にも選ばれ、多くの人の眼に触れる機会に恵まれ、私はとっても幸せだったのだ。

更に嬉しかったのは、アルツの病の妻が暇さえあれば私の書いた本を読んでいることだ。読み易い頁を選んで読んでいるのかと思っていたら、思考を要する地球環境や貧富の差の項も一字一句読んでいる。何が面白いのだろう。聞いてみたら、内容は忘れてしまうけど読んでいる時は幸せなのだそうだ。何処へ行くにも、部屋の中でも本を持ち歩いている。これで思い残すことなく永い旅立ちへの日々を過ごせば良いとも思った。

しかし、書評を読んで考えたのは、飛行士として空から眺めた生命環境への危機感や、飛行先で見てきた凄まじい貧富の差のことなど、私の最も訴えたかったことを、積極的に書かなかったことへの心残りがあった。

書かなかったのは、二〇世紀末のブラジル地球サミットに期待したとき以来、私の無力感から、心のどこかに未来への諦めがあったからだ。

それがこの本に書いたように、二〇一三年の温暖化防止会議が、地球上に氷が無かった三五〇〇万年前の頃の状態にまで、今世紀末に、気温が一気に上昇すると発表したのだ。現に大気中の二酸化炭素濃度も、その頃の四五〇ｐｐｍに迫っている。

漠然と怖れていた生命圏の危機がその実体を現わしたのだ。私の心残りが、急激に膨らんで心を責める。しかし、妻とふたりの時間はもう、殆ど残されていないのだ。

妻は書いてくれたら嬉しいし、喜んで読みたいと言う。それで私は原稿を書き始める気になったのだ。これを書いている今も、妻は横で私の本を読んでいる。

妻と私は心を通じ合わせるのに困難の日々を過ごしてきた。いうなれば、大揉めしながら別れない仲のいい、しかし心は他人のままだったのだ。それが原稿を書いている今は、「五〇年ごめんなさい、傍に居てあなたの心を幸せにする」に代わった。これは回心ともいえる心の転換である。美しい自然の中に居て、私と過ごせる幸せを口にする。

アルツの妻は月を見て「あれ何ぁに？」という状態なのに、それでも心は育っていく。水とみどり豊かな里村の日々、使われていなかった脳の細胞が反応したのだろう。しかしもう、妻の心は限界に近い。懸命に出かける散歩の後姿、哀れ。

そして子どもたちも、激し過ぎて至らなかった父親を離れ、自ら選んだ路に居る。続く世代の命への祈りをこの本に託し、妻に寄り添い、永い旅立ちへの日々に戻る。

【付記】

原子力発電そのものに事故がなければいいのか

原発の安全の確率が一〇〇％でも、凶暴な指導者の現れる確率の高さは、この五〇年の歴史にあるとおりで、原発へのミサイル攻撃や破壊活動は全く別の要素の高い確率だ。そのミサイル飛来も破壊活動も原発に事故がなかったとしても、核燃料廃物の毒は万年の単位で残る。原発保有国の核廃物の保管計画を調べると万年〜数十万年、一番永い国は一〇〇万年の時空が必要だと、脳が空白になりそうなことが書いてある。現人類が地球上に現れたのは遥か昔のことだけれど、それでも二〇万年しか経っていない。

その二〇万年の歴史に匹敵する永い間、現代の人間が一時期の欲望を満足するために使用した核燃料の廃物の管理や費用と強制労働を、何万年も続く世代に押し付けるのは、私には途方もない罪に思えるが、人の心をどう理解したらいいのだろう。

原発を推進、或は再開しようとする人には大変恐縮な書き方だが、このような要素を知っていて成り行きを進めているのだとしたら、同じ命として何を話せばいいのか、言葉や心の通う空間を捜し続ける他ない。

続く世代の科学技術が解決するとの考えなら、現在解決してからにすべき問題である。勝ち目のまず無い博打を続く世代に強要することになる。これは核廃物の捨て場がないのに中間処理場という名の捨て場を、地方と後の政権に押し付ける考えに似ている。

推進再開を言う人の子どもや孫と、それに続く万年後までの子孫にも核廃物の保管をさせて、心を騒がせずこの世を去ることができるだろうか。続く世代はこの負担を拒否すれば被曝の罰が待っている。続く世代の運命を祈る気持ちだ。

悲しいことに核廃物は既に在る。私たちは核廃物をこの世に残すという、既成事実を作ってしまっている。私たちにできるのは残す量を少なくすることだけだ。

負担を少しでも軽くするために、直ちに原発を停止するのが、せめてもの続く世代の命たちへの思い遣りと、私たちが犯してしまったエゴへの贖罪であると考える。

多数決の正当性はどうなるのか。原発存亡の重大問題を、村町単位の人たちの多数決で決めるのは異様ではないか。数千世代の子孫は多数決に参加できないのだから。

この半世紀余に亘って大量に排出された化学物質の毒が生物循環の中で濃縮され、今後も多くの生物種が姿を消していく。だがその弊害は人類が欲望を抑えれば、循環に戻るのが核廃物より短いだけ、何とか減衰してくれるものだ。

核廃物の毒は人類が居なくなっても万年もの永い間、水や大気の循環の中を巡って生き物の中に濃縮されＤＮＡを破壊し続ける。人間の新しい脳による忘恩の置き土産だ。

自分が消費したものは全部循環に戻し、続く世代に安全で美しい地球を残して逝くのが、命の繁栄と持続のための掟の筈だが、それも空しく響く想いがする。

貧富の差と原発の安全

世界の貧富の差は益々拡がり、核物質がテロリストの手に渡るのは時間の問題になった。貧富の差をそのまま原発を守るのには無理がある。ミサイルを想定外にはできない。狙う方は小型ミサイルでいい。原子炉よりも貯蔵庫に命中すれば極大核弾頭ミサイルに変わるからだ。原子炉だけを守っても駄目なのだ。

貯蔵用プールには大量の使用済み核燃料が保管され、原発一基とは比較できない規模の危険が在る。再処理工場にもある大型プールの貯蔵設備は無防備に近く、特に数十キロメートルにもなる冷却用パイプは無防備と言える。

原発数十基分もの大量の核燃料廃物が入ったプールが損傷し、水が洩れたら冷却不能となる。もしミサイルを撃ち込まれたら全くの冷却不能。貯蔵燃料の量によっては国々を超えて収拾のつかない大惨事になる。

ドイツが再処理工場の運転を廃絶したのは、核廃物冷却不能の場合、死者が数千万人になるという理由だ。死者が数千万人の規模なら、その国に住める場所はなくなる。

新たな問題は原発現場での内部からの崩壊だ。非正規雇用などで解雇された職のない人たちが集められ、放射線を浴びながら働いている姿を思い浮かべる。事故の時は、一般人の数十倍、一〇〇倍以上の被曝労働を認可され、大量被曝をしても被曝の実態もはっきりしないのだ。痛ましくこれ以上は書けない。これが安全性に関係がないと言えるのか。

企業が自国で売れないからと、原発を製造輸出するのは、捨て場のない核廃物を輸出するのと同じではないか。初等教育もままならない、貧富の差が更に大きい国に原発を輸出するとどうなるか。核廃物だけを、お金を払って貧しい国に輸出する心配すらある。

企業活動は法律の範囲を守っていれば良しとし、環境問題は自分の仕事ではないとするのは、繰り返された公害問題が示している。原発にも同じ心配がある。

設計の段階では、建設費用に影響されて地震や津波の想定値も低くなる。建設現場での施工ミスもある。今後は温暖化による数十メートルの海面上昇の考慮も必要だ。

原発を操作する人や、日々の現場の維持運営作業中の操作ミスや故意など、人間工学と科学理論に乖離があるのは想定外で起きる実際の事故が示している。五〇年も事故がなければ耐用年数を延ばすなど、安全管理費用を「合理化」し始めるのも人の性だ。

原発は星を生成する温度で一〇〇℃のお湯を沸かす。温度に落差があり過ぎて熱効率が悪いのは当然だ。使用済み核燃料の温度が一〇〇年後二〇〇℃も残る驚愕的熱効率の悪さである。補助金無しの、原発だけの会社に投資する人は居ないだろう。

何故に、こんなに無理をしてまで、民のためとも思われない原発を稼動するのか。

【注】

注1　参考文献④、一八頁。当時の国連事務総長は、ウ・タント氏。

注2　参考文献⑦、六二頁・図三に、大気中二酸化炭素濃度と気温、海面高の相関性が示されている。

注3　参考文献⑦、八一頁。

注4　参考文献⑦、二〇八頁。

注5　参考文献⑦、二九頁、二〇六頁。

注6　参考文献⑦、二五頁、一一八頁、一三三頁、二三八頁、二四〇頁。ハンセンは温暖化防止対策として当初、二酸化炭素濃度の上限を四五〇ｐｐｍとしていたが後に上限を三五〇ｐｐｍに下げて主張した。

注7　参考文献⑦、二二三頁・図一八。この図を中心に、南極や北半球の氷の盛衰、大気温や二酸化炭素の量の推定など、他の頁の記述や数値を確認しながら、年表的な整理を行った。この図は、六五〇〇万年～現代までの地球の温暖化に関する重要な情報が凝縮されている重要な図である。

注8　参考文献⑦、一三一頁。

注9　参考文献⑦、六五頁。約二万年前の氷期には、海面が一〇〇メートル以上も低下し、ベーリング海峡が陸続きになった。なお、ベーリング海の現在の深さは約五〇メートル。

注10　参考文献⑦、八〇頁、一二九頁。

注11　参考文献⑦、一一四頁～一一五頁。地球のフィードバック作用について。

注12　参考文献⑥、一一五頁。

注13　参考文献⑤、四二頁～五七頁。氷河や氷雪の状態を過去と現在で対比する写真が多く載っており、興味深い。

注14　参考文献⑦、一一二頁。氷の盛衰や温度の上下や炭素や海流の循環には、慣性が働くので遅れが出る。

注15　参考文献⑦、六三頁～六四頁。
注16　参考文献⑦、三六三頁。大気温が上がると天候は荒々しくなる。
注17　参考文献④、一〇六頁～一一〇頁。種の絶滅と人類の影響の強さについてWWFの調査を紹介している。
注18　参考文献⑦、二一〇頁～二一三頁。温暖化への生物種の適応と、絶滅の歴史を記述している。
注19　参考文献④、序文「増大する人類のエコロジカルフットプリント」並びに図一を参照。
注20　参考文献④、一九頁に日本語訳が収録されている"World scientists' Warning to Humanity"。米国の物理学者でノーベル賞受賞者であるヘンリー・ケンドールが執筆し、世界中の著名な科学者が署名した。
注21　参考文献④、四五頁。実質経済においては、地球資本の量も　考える必要がある。貨幣経済は社会がつくった仮想経済で、地球の物理的な制限を受けない。
注22　参考文献④、一九一頁～三一八頁。いくつかの主要な、例えば人口や資源などの数値を変えて、一〇通りのモデルで将来の予測がシュミレーションされており、どのモデルも、二〇三〇年の頃に限界のピークがあり、その後衰退することを示している。

【参考文献】一〇回以上読んだ本の中で比較的新しい書のみ。

①D・H・メドウズ、D・L・メドウズ、J・ランダース、W・W・ベアランズ三世『**成長の限界――ローマ・クラブ「人類の危機」レポート**』大来佐武郎監訳、ダイヤモンド社、一九七二年
②レイチェル・カーソン『**沈黙の春**』青樹簗一訳、新潮社、一九七四年

③レスター・R・ブラウン編著『**西暦２０００年への選択――地球白書**』本田幸雄監訳、実業之日本社、一九八六年

一九八四年からワールドウォッチ研究所が年に一回刊行している地球環境レポート"STATE OF THE WORLD"の日本版。以後『地球白書』として、ダイヤモンド社、家の光協会、ワールドウォッチジャパンから各年度の日本語版が刊行されている。

④ドネラ・H・メドウズ、デニス・L・メドウズ、ヨルゲン・ランダース『**成長の限界　人類の選択**』枝廣淳子訳、ダイヤモンド社、二〇〇五年

挿入するデータを変動させて、一〇通りのシミュレーションにより未来を予測する。

⑤アル・ゴア『**不都合な真実**』枝廣淳子訳、ランダムハウス講談社、二〇〇六年

地球の現状を易しく説明している。特に、写真の比較が秀逸だ。ブッシュ政権の政策も批判。大統領選挙でのゴア対ブッシュ事件は、環境にとり特筆すべき裁判だった。

⑥松井孝典『**地球システムの崩壊**』新潮社、二〇〇七年

⑦ジェイムズ・ハンセン『**地球温暖化との闘い――すべては未来の子どもたちのために**』枝廣淳子監修、中小路佳代子訳、日経BP社、二〇一二年

著者ハンセンは、一九八一年に温暖化の危機を「サイエンス」に発表。温暖化研究の先駆者といえる。以来ハンセンの発言や論文が、温暖化国際会議に影響を与えてきた。多忙な中で書いたためか文章が難解だ。それから著者は原子力発電を推奨し、高速増殖炉が問題を解決すると考えている（二七九～二九四頁）。消費を減らして地球の限界内に戻ることには触れていない。

参考：一九八八年には気候変動に関する政府間パネル（ＩＰＣＣ）が設立。科学者が集まり科学的評価を出し、政府間機構が報告書をまとめる。別に、一九九二年地球温暖化防止条約（気候変動枠組条約ともいう）の設立が、

リオデジャネイロで採択された（地球サミット）。同条約締約国会議（ＣＯＰ）はＩＰＣＣの報告書を活用している。第三回会議（ＣＯＰ３）は一九九七年に京都で開催し、京都議定書は二〇〇五年に発効した。

【主要事項・数値索引】

一四〇〇ｐｐｍ：五〇〇〇万年前の大気中二酸化炭素濃度の最大値。気温は現在プラス一〇℃余り。　24頁

四五〇ｐｐｍ：地球上に氷が存在する限界値（参考文献⑦、一二三頁）。三五〇〇万年前。　20、25、29、73、139頁

三四〇ｐｐｍ：一九八〇年当時の大気中二酸化炭素濃度。北半球に氷が残る限界値。　20、22～23、26頁

現在プラス七〇メートル：約三五〇〇万年前より以前、地球上に氷がなかったときの海面の高さ。気温は現在プラス四～五℃。　19～20、22、29、35、73頁

現在プラス二五メートル：約三〇〇万年前より以前、北半球に氷がなかったときの海面の高さ。気温は現在プラス二～三℃。　20、22、26、73頁

現在プラス五メートル：一三万年前の間氷期の海面の高さ。気温は現在プラス一℃弱。　21～22、27頁

氷の溶解と海面上昇の速度：氷床が千年、万年単位の時間をかけて厚みを増すのに比べて、氷の溶解は速く、温暖化による海面上昇は早く進む（参考文献⑦、六四、一一三頁ほか）。　21頁

二・六～四・八℃：ＩＰＣＣが二〇一三年に公表した、今世紀末までの気温上昇予測値。　19、23、29、35、73頁

エコロジカルフットプリント：人類による資源の消費と汚染の総量を表した指標。　54頁

種の絶滅：熱帯雨林の伐採、等温線の北上などの要因により、現在一日に一〇〇～二〇〇種の生物が絶滅しているとされる（参考文献④、一〇八頁～、参考文献⑦、二一〇頁など参照）。　19、29、38～41、54、73頁

あとがき

運がいい方かと聞かれると、私はどう答えたらいいのだろう。ただ言えるのは、人生の岐路に立つたとき、その度に生涯の恩人というべき人が現れて私を励まし援けてくれた。何人もの生涯の恩人に出会えて、その人たち一人ひとりを、一生想い浮かべながら生きていけるというのは、何と幸せなことだろう。

今回、私が長年想い続けてきたことをまとめて本にするのを、心待ちにしている親しい友人や、慣れない私を心配し、親身になって援けてくれた多くの人たちがいた。

同じ学校のボート部の先輩ご夫妻や妻の病の主治医、テニス部の後輩の元新聞記者や、昔私がテニスに打ち込んでいた頃から今でも応援してくれるやはり新聞記者。以前会社の広報にいて私のユニセフ活動を応援してくれた友人と出版会社の元編集長だった人。

この人たちや、私の人生の岐路で出会えた人は、多かれ少なかれ私が青春のひとときをテニスに打ち込んだことが縁で知り会えた人たちだ。スポーツには、生涯変わらぬ友人を得るという宝がある、と説いた私の恩人であり大好きな先輩がいるが、全くその通りの私の生涯だった。この本の帯の有難い推薦文も、テニスの縁によるものだ。

移り住んだ村には、心優しい人たちがいる。私の部屋に遅くまで点いている灯りに心を寄せてくれる人、妻を気遣って煮物を届けてくれる人、励ましてくれる市会議員がいる。道ばたでの微笑みは大きな心の支えだ。里村の日々には、温かい人の絆がある。

そして本の出版を快く引き受けてくれた、現代企画室の小倉裕介さん。私は心に溜っていることを、資料を見ないで書くのが好きなので、論文的な書き方は得手ではない。年代も順序が違っていなければ概ねその頃、組織の名前も抽象的な表現で良いとし、この本で語り掛けたい人たちにも、危機の概念的な書き方でいいだろう、と思っていた。しかし、それではきちんと知りたい人に不親切で不公平ではないか、と小倉さんに指摘され、尤もだと納得した。それから色々な文献の煩雑な頁めくりと慣れないインターネットでは情報過多に大変苦労した。生涯で、こんなに長く机についていたのは初めてだ。その力添えのお陰で、何とか出版に漕ぎ付けることができた。有り難う！

前に出版して頂いた本と同じく、この本も妻の宝となるだろう。妻の宝は私の宝だ。恩人のようには、私はひと様の役に立てなかったが、続く世代の命たちが気懸かりで、祈る気持ちでこれを書いた。多くのひとが読んで下さると、とっても嬉しい。

もしもだが、本に収益がでた場合は、本当にお金を必要としている人たちに渡ることを願って、現代企画室に託すことにしたい。

岡留恒健

【著者紹介】

岡留恒健（おかどめ　こうけん）

1934年、福岡県福岡市に生まれる。

1956年～1957年、テニスのデビスカップ日本代表。

慶應義塾大学卒業。日本航空に地上職で入社、5年後に熱望し操縦士に転向、機長。

約30年、日本航空を通じてユニセフ普及に従事。元日本ユニセフ評議員。夢みるこども基金元理事。

1986年、エベレスト登山、酸素ボンベは不使用。

現在、山梨県北杜市に住む。

著書：『機長の空からの便り――山と地球環境へのメッセージ』（山と溪谷社、1993年）、『永い旅立ちへの日々』（現代企画室、2012年）

人類の選択のとき

地球温暖化と海面の上昇　生命圏の崩壊はすでに始まっている

発行　　　：2014年10月15日初版第1刷

定価　　　：1500円＋税

著者　　　：岡留恒健

装幀・装画・挿絵：上浦智宏（ubusuna）

発行所　　：現代企画室

東京都渋谷区桜丘町15-8-204

Tel. 03-3461-5082 Fax 03-3461-5083

e-mail: gendai@jca.apc.org

http://www.jca.apc.org/gendai/

印刷・製本：中央精版印刷株式会社

ISBN978-4-7738-1421-7 C0036 Y1500E

現代企画室の本

＊価格は税抜き表示

永い旅立ちへの日々

岡留恒健著　二〇〇〇円

命に善いものは美しい。大空への夢、他者との心の連帯を追い求めてきた著者が、終の棲家に定めて妻と移り住んだ里村で育んだ、最後の旅立ちに向けた「循環」の思想。

娘と話す地球環境問題ってなに？

池内　了著　一二〇〇円

地球環境問題ってなに？　どうして環境が汚染されるの？「問題」なのはわかっても、どうすればいいのかわからない。誰もが抱く疑問に身の回りの実践をとおして答える。

娘と話す原発ってなに？

池内　了著　一二〇〇円

原子核からエネルギーを取りだす仕組み、放射能とはなにか。原子力発電が抱える問題点から脱原発への道まで、物理学者の視点からわかりやすく解説。これからを生きる世代におくる一冊。

3・11後の放射能「安全」報道を読み解く

社会情報リテラシー実践講座

影浦　峡著　一〇〇〇円

放射能汚染の危険に、私たち市民はいかに向きあうのか。情報を見わけ自分自身で判断するためのヒントを、気鋭の情報論研究者が実際の報道の詳細な分析を通じて解きあかす。

開戦前夜の「グッバイ・ジャパン」

あなたはスパイだったのですか？

伊藤三郎著　二二〇〇円

日米開戦をめぐり情勢が緊迫し、諜報機関が暗躍した一九四〇年代初頭の東京。混沌のさなかから歴史的スクープを連発した駆け出しの米国人記者、ジョセフ・ニューマンの謎に迫る。